教育部职业教育与成人教育司推荐教材
中等职业学校教学用书（数控技术应用专业）

精密测量技术常识

（第3版）

朱士忠　主编
葛金印　王　猛　主审

電子工業出版社
Publishing House of Electronics Industry
北京・BEIJING

内 容 简 介

本书是数控技术应用专业领域技能型紧缺人才培养培训系列教材之一，是根据《中等职业学校数控技术应用专业领域技能型紧缺人才培养培训指导方案》中核心教学与训练项目基本要求编写的。

本书主要内容有：机械精度设计基础、尺寸的公差与配合、形状与位置公差、测量技术基础常识、轴套类零件的测量、键与花键的测量、螺纹的测量、盘类零件的测量、箱体类零件的测量、表面粗糙度的测量、三坐标测量机简介，且附有相应的实验报告与习题。书中编入的相关新知识、新工艺和新技术，贴近数控技术应用专业领域培养技能型紧缺人才的教学需求。在附录中还介绍了测量常用计算方法，以及量具、量仪的保养常识。

本书可作为中等职业学校数控技术应用专业领域技能型紧缺人才培养培训教材，也可作为职业院校机械类专业教材，以及机械工人岗位培训和自学用书。

本书还配有电子教学参考资料包（包括教学指南、电子教案及习题答案），详见前言。

图书在版编目（CIP）数据

精密测量技术常识 / 朱士忠主编. —3 版. —北京：电子工业出版社，2011.8
教育部职业教育与成人教育司推荐教材. 中等职业学校教学用书. 数控技术应用专业
ISBN 978-7-121-14184-3

Ⅰ. ①精… Ⅱ. ①朱… Ⅲ. ①精密测量—中等专业学校—教材 Ⅳ. ①TG806

中国版本图书馆 CIP 数据核字（2011）第 148696 号

策划编辑：白　楠
责任编辑：白　楠　　特约编辑：王　纲
印　　刷：北京七彩京通数码快印有限公司
装　　订：北京七彩京通数码快印有限公司
出版发行：电子工业出版社
　　　　　北京市海淀区万寿路 173 信箱　邮编　100036
开　　本：787×1 092　1/16　印张：11.25　字数：288 千字
版　　次：2005 年 6 月第 1 版
　　　　　2011 年 8 月第 3 版
印　　次：2025 年 1 月第 14 次印刷
定　　价：21.50 元

凡所购买电子工业出版社图书有缺损问题，请向购买书店调换。若书店售缺，请与本社发行部联系，联系及邮购电话：（010）88254888，88258888。

质量投诉请发邮件至 zlts@phei.com.cn，盗版侵权举报请发邮件至 dbqq@phei.com.cn。
本书咨询联系方式：（010）88254583，zling@phei.com.cn。

第3版 前言

本书是教育部职业教育与成人教育司推荐教材、中等职业学校教学用书（数控技术应用专业）《精密测量技术常识》2005版的修订本。

本书第1版自2005年6月发行以来，因内容实用、专业，图文结合，受到国内各数控技术培训机构及大中专职校技校广大师生的欢迎。为了帮助读者了解图样上对零件精度设计的概念及其表达形式，能够更好地应用精密检测技术，本次修订主要增加了机械精度设计概念，有互换性、尺寸的公差与配合、形状与位置公差等。同时由于机械制造行业发展的需要，对原书部分内容进行修订。

本次修订保持了原书的风格，对原书内容做了一些补充，使本书内容更为充实。

本书在编写过程中，充分考虑了相关专业在工作中的实际情况，选取典型测试对象，编制了测试课题。每个课题按测量参数、测量内容及测量方法来介绍，每个分课题包括测量目的、测量器具准备、工作原理、操作步骤、常见问题、存在原因、解决方案、注意事项等内容。本着理论知识以必需、够用、少而精为原则，力求突出针对性、实用性和先进性。本书重点阐述了量具、量仪的使用方法、操作过程及注意事项，以提高学生实际操作能力为主要目的。每个课题后都附有针对性的思考题与实训报告。通过本书的学习，学生可以掌握多种最典型、最常用的测量手段，同时，可以了解同类量具、量仪的原理和使用方法。

本书附录部分介绍了量具、量仪的维护常识与测量常用计算方法。

本教材教学学时为58学时，使用时可根据具体情况删减部分内容。

具体学时分配建议如下。

章　节	内　容	学　时
第1章	机械精度设计基础	6
第2章	尺寸的公差与配合	6
第3章	形状与位置公差	4
第4章	测量技术基础常识	4
第5章	轴套类零件的测量	12
第6章	键与花键的测量	4
第7章	螺纹的测量	4
第8章	盘类零件的测量	4
第9章	箱体类零件的测量	8
第10章	表面粗糙度的测量	3
第11章	三坐标测量机简介	3

本书由无锡机电高等职业技术学校朱士忠担任主编，由无锡机电高等职业技术学校葛金印和常州刘国钧高等职业技术学校王猛主审，经过教育部审批，列为教育部职业教育与成人

教育司推荐教材。主审以严谨的科学态度和高度负责的精神认真审阅了书稿，并对本书的编写提供了大量的帮助，在此表示衷心的感谢。

因编者水平有限，书中错误和不妥之处在所难免，敬请广大读者批评指正。

为了方便教师教学，本书还配有教学指南、电子教案及习题答案（电子版），请有此需要的教师登录华信教育资源网（http://www.hxedu.com.cn）免费注册后再进行下载。有问题时请在网站留言板留言或与电子工业出版社联系。

编者

2011 年 5 月

目　录

第1章 机械精度设计基础

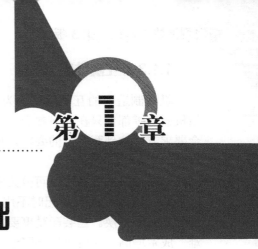

几何精度设计是根据产品的使用性能要求和加工制造误差确定机械零部件几何要素允许的加工和装配误差——公差，所以精度设计也称公差设计。精度设计的主要依据是产品性能对零部件的静态与动态精度要求，以及产品生产和维护的经济性。因为任何加工方法都不可能没有误差，而零件几何要素的误差都会影响其功能要求的实现和性能的好坏，允许误差的大小又与生产经济性、产品的无故障使用寿命密切相关。因此几何精度设计应遵循互换性与标准化原则。

1.1 互换性

1.1.1 互换性的概念

零件的互换性是指在同一规格的一批零部件中，可以不经任何挑选、调整或附加修配，任取一件都能装配在机器上，并能达到规定的使用性能要求，零部件具有的这种性质称为互换性。

显然，为了使零部件具有互换性，首先应对某几何要素提出适当的、统一的要求。因为只有保证了对零部件几何要素的要求，才能实现其可装配性和装配后满足与几何要素（尺寸、形状等）有关的功能要求。这就是零部件的几何要素的互换性。

1.1.2 互换性的意义

互换性给产品的设计、制造和使用维修都带来了很大的方便。

① 设计可充分利用前人的经验，可以最大限度地采用标准件、通用件，大大减少计算、绘图等工作量，缩短设计周期，并有利于产品品种的多样化和计算机辅助设计，促进新产品的高速发展。

② 制造有利于组织大规模专业化生产，有利于采用先进工艺和高效率的专用设备，以至于用计算机辅助制造，有利于实现加工和装配过程的机械化、自动化，从而减轻工人的劳动，提高生产率，保证产品质量，降低生产成本。

③ 零部件具有互换性，及时更换那些已经磨损或损坏了的零部件，可以减少机器的维修时间和费用，保证机器能连续而持久地运转，提高设备的利用率。

综上所述，互换性对保证产品质量、提高生产效率和增加经济效益具有重大的意义，因此，互换性已成为现代机械制造业中一个普遍遵守的原则。

1.1.3 互换性的分类

机械制造中的互换性可分为几何参数的互换性和功能的互换性。几何参数的互换性是指机器的零部件只在几何参数（如尺寸、形状、位置和表面粗糙度）方面和保证零件尺寸配合要求方面达到互换性的要求。功能的互换性是指机器的零部件在各种性能方面都达到了互换性的要求。

互换性按其互换程度可分为完全互换（绝对互换）与不完全互换（有限互换）两种。

若一批零部件在装配时不用分组、挑选、调整和修配，装配后即能满足预定的要求，这称为完全互换。当装配精度要求较高时，采用完全互换将提高零件制造精度要求，加工困难，成本增高。这时可适当降低零件的制造精度，使之便于加工，而在加工好后，通过测量将零件按实际尺寸的大小分为若干组，两个相同组号的零件相装配，这样既可保证装配精度，又能解决加工难的问题，这称为分组装配。仅同一组内零件有互换性，组与组之间不能互换，属于不完全互换。装配时需要调整的零部件也属于不完全互换。

1.1.4 公差与检测

由于零件在加工过程中，不可避免地会产生各种误差。要想把同一规格一批零件的几何参数做得完全一致是不可能的。实际上，那样做也没有必要。只要把几何参数的误差控制在一定的范围内，就能满足互换性的要求。零件几何参数误差的允许范围称为公差。它包括尺寸公差、形状公差、位置公差、角度公差等。

加工好的零件是否满足公差要求，要通过检测加以判断。检测不仅用于评定零件合格与否，而且用于分析不合格的原因，及时调整生产，监督工艺过程，预防废品产生。检测是机械制造的“眼睛”。无数事实证明，产品质量的提高，除设计和加工精度的提高外，往往更依赖于检测精度的提高。检测包含检验与测量。几何量的检验是指确定零件的几何参数是否在规定的极限范围内，并做出合格性判断，而不必得出被测量的具体数值；测量是将被测量与作为计量单位的标准量进行比较，以确定被测量的具体数值的过程。

1.2 标准化

现代生产的特点是品种多、规模大、分工细和协作多。为使社会生产有序进行，必须通过标准化使分散的、局部的生产环节相互协调和统一。

① 标准是对重复性事物和概念所做的统一规定，它以科学、技术和实践经验的综合成果为基础，经有关方面协商一致，由主管机构批准，以特定形式发布，作为共同遵守的准则和依据。我国标准分为国家标准、部标准、专业标准、企业标准等。

对需要在全国范围内统一的技术要求，制定国家标准，代号为 GB；对没有国家标准而又需要在全国某个行业内统一的技术要求，可制定行业标准，如机械标准（JB）；对没有国家标准和行业标准而又需要在某个范围内统一的技术要求，可制定地方标准（DB）和企业标准（QB）。

② 标准化是指在经济、技术、科学及管理等社会实践中，对重复性事物和概念通过制定、发布和实施标准，达到统一，以获得最佳秩序和社会效益的全部活动过程。即按照标准化的原理，给零部件制定统一的标准，将各项公差的术语、定义、代号、概念及原理、误差

的测量与评定、图样上的标注方法等都规定在技术标准中。这不仅是零部件精度设计的依据，也是实现互换性的重要保证。为此，我国颁布了一系列的公差标准，如极限与配合、形位公差、表面粗糙度、轴承公差与配合、键与花键公差与配合、螺纹公差与配合齿轮公差等，这一系列标准和国际标准基本上是一致的，是几何量标准化的具体体现，为我国机械工业的发展提供了技术上的保证。

③ 优先数和优先数系标准。制定公差标准及设计零件的结构参数时，都需要通过数值表示。任何产品的参数值不仅与自身的技术特性有关，还直接、间接地影响与其配套系列产品的参数值，如螺母直径数值，影响并决定螺钉直径数值，以及丝锥、螺纹塞规、钻头等系列产品的直径数值。由参数值间的关联产生的扩散称为“数值扩散”，为满足不同的需求，产品必然出现不同的规格，形成系列产品。产品数值的杂乱无章会给组织生产、协作配套、使用维修带来困难。

为使产品的参数选择能遵守统一的规律，使参数选择一开始就纳入标准化轨道，必须对各种技术参数的数值做出统一规定。《优先数和优先数系》国家标准（GB/T 321—2005）就是其中最重要的一个标准，要求工业产品技术参数尽可能采用它。

国家标准规定的优先数系分档合理，疏密均匀，有广泛的适用性，简单易记，便于使用。常见的量值，如长度、直径、转速及功率等分级，基本上都是按一定的优先数系进行的。本课程所涉及的有关标准，如尺寸分段、公差分级及表面粗糙度的参数系列等，基本上采用优先数系。

习题 1

1. 什么叫互换性？为什么说互换性已成为现代机械制造业中一个普遍遵守的原则？列举互换性应用实例。

2. 按互换程度来分，互换性可分为哪两类？它们有何区别？

3. 什么是公差、标准和标准化？它们与互换性有何关系？

第2章

尺寸的公差与配合

为使零件具有互换性，必须保证零件的尺寸、几何形状和相互位置，以及表面特征技术要求的一致性。就尺寸而言，互换性要求尺寸的一致性，即指要求尺寸在某一合理的范围之内，在此范围内，既要保证相互结合的尺寸之间的关系，以满足不同的使用要求，又要在制造上经济合理。由此，尺寸的公差与配合是一项应用广泛而重要的标准，也是最基础、最典型的标准。

2.1 基本术语及定义

2.1.1 有关孔和轴的定义

① 孔：主要指圆柱形内表面，也包括非圆柱形内表面，如图 2.1 所示。

② 轴：主要指圆柱形外表面，也包括非圆柱形外表面，如图 2.1 所示。

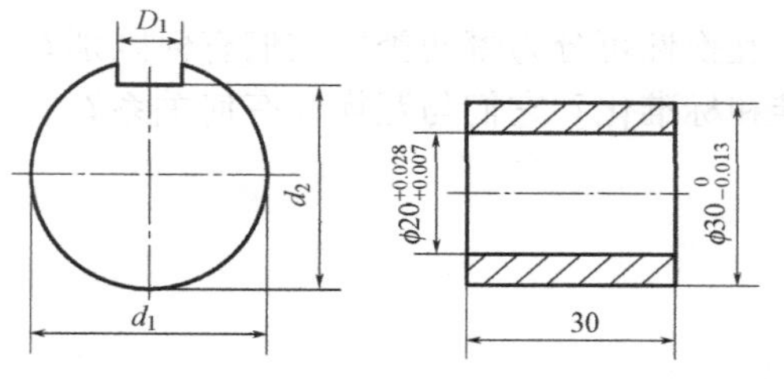

图 2.1　尺寸表示

2.1.2 有关尺寸的术语及定义

① 尺寸：用特定单位表示长度值的数字。在机械制造中一般常用特定单位为毫米。长度值表示两点间距离的大小，包括直径、长度、宽度、高度、厚度及中心距、圆角半径等。

② 基本尺寸（D、d，分别表示孔、轴的直径）：设计时给定的尺寸（图 2.1），它是确定偏差位置的起始尺寸，一般要求符合标准的尺寸系列。

③ 实际尺寸（D_a、d_a）：通过测量所得的尺寸。由于存在被测工件形状误差和随机性测量误差的影响，所以实际尺寸并非尺寸的真值。

④ 极限尺寸：允许尺寸变化的两个界限值。它们是以基本尺寸为基数来确定的。界限值大者称为最大极限尺寸（D_{max}、d_{max}），界限值小者称为最小极限尺寸（D_{min}、d_{min}）。

⑤ 作用尺寸：在配合面全长上，与实际孔内接的最大理想轴的尺寸，称为孔的作用尺寸 D_f；与实际轴外接的最小理想孔的尺寸，称为轴的作用尺寸 d_f。作用尺寸是实际尺寸和形状误差的综合结果，所以，孔、轴的实际配合效果，不仅取决于孔、轴的实际尺寸，而且也与孔、轴的作用尺寸有关。如图 2.2 所示，$D_f < D_a$，$d_f > d_a$。

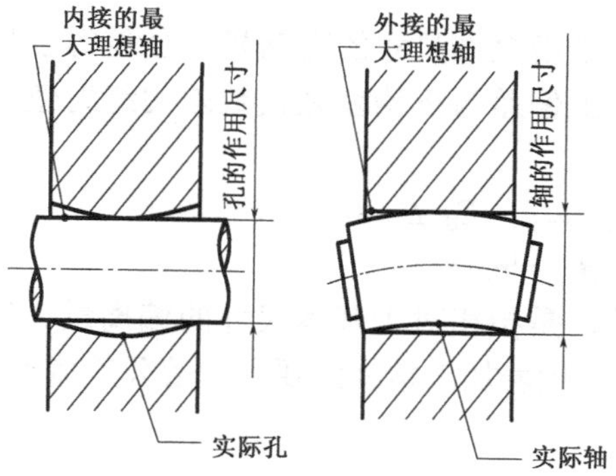

图 2.2 孔、轴的作用尺寸

⑥ 极限尺寸判断原则（泰勒原则）：孔或轴的作用尺寸不允许超过其最大实体尺寸（MMS），在任何位置的实际尺寸不允许超过其最小实体尺寸（LMS），即孔 $D_f > D_{min}$，$D_a < D_{max}$，轴 $d_f < d_{max}$，$d_a > d_{min}$。

2.1.3 有关偏差与公差的术语和定义

1. 尺寸偏差

尺寸偏差（简称偏差）是指某一尺寸减其基本尺寸所得的代数差。孔用 E 表示，轴用 e 表示。偏差可以为正值、负值或零。

实际尺寸减其基本尺寸所得的代数差称为实际偏差：最大极限尺寸减其基本尺寸所得的代数差称为上偏差，孔和轴的上偏差用 E_S 和 e_s 表示；最小极限尺寸减其基本尺寸所得的代数差称为下偏差，孔和轴的上偏差用 E_I 和 e_i 表示。上偏差与下偏差统称为极限偏差，如图 2.3 所示。

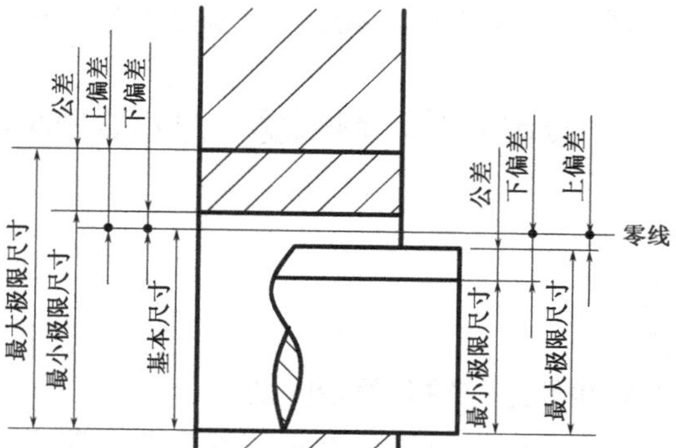

图 2.3 公差与配合示意图及其图解

孔上偏差　　$E_S = D_{max} - D$，　　下偏差 $E_I = D_{min} - D$

轴上偏差　　$e_s = d_{max} - d$，　　下偏差 $e_i = d_{min} - d$

偏差值可以是正值、负值或是零，偏差值除零外，前面必须冠以正、负号。

2．尺寸公差

尺寸公差（简称公差）是指允许尺寸的变动量。公差等于最大极限尺寸与最小极限尺寸代数差的绝对值，也等于上偏差与下偏差之代数差的绝对值。公差取绝对值不存在负公差，也不允许为零。

孔公差　　$T_D = |D_{max} - D_{min}| = |E_S - E_I|$

轴公差　　$T_d = |d_{max} - d_{min}| = |e_s - e_i|$

偏差是从零线起计算的，是指相对于基本尺寸的偏离量。偏差可为正值、负值或零；而公差是允许尺寸的变化量，代表加工精度的要求，故公差值不能为零。

3．公差带图

由于公差或偏差的数值与基本尺寸相差太大，不便用同一比例表示；同时为了简化，在图 2.4 中分析有关问题时，不画出孔轴的结构，只画出放大的孔轴公差区域和位置。采用这种表达方法的图形，称为公差带图，或称为公差与配合图解。公差带图由零线与公差带组成。

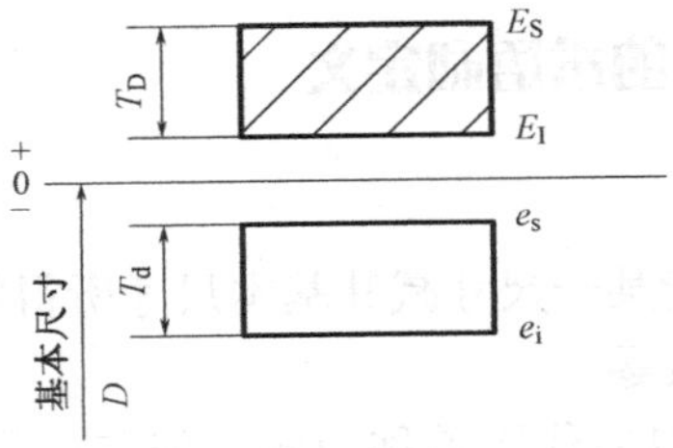

图 2.4　公差带图

① 零线：在公差带图中，确定偏差位置的一条基准直线，称为零偏差线（简称零线）。通常零线位置表示基本尺寸位置，正偏差位于零线的上方，负偏差位于零线的下方。

② 公差带：在公差带图中，由代表上偏差和下偏差或最大极限尺寸与最小极限尺寸的两条平行直线所限定的区域。

例 2-1　$\phi 45_{0}^{+0.039}$ 的孔分别与 $\phi 45_{-0.050}^{-0.025}$、$\phi 45_{+0.002}^{+0.018}$、$\phi 45_{+0.043}^{+0.059}$ 轴配合，作出其公差带图。

解　如图 2.5 所示：

- 画零线；
- 画出上下偏差位置；
- 标注出上下偏差值；
- 在孔公差带上画上斜线使之与轴公差带区别。

公差带图包含了"公差带大小"与"公差带位置"两个要素，前者由标准公差确定，后者由基本偏差确定。

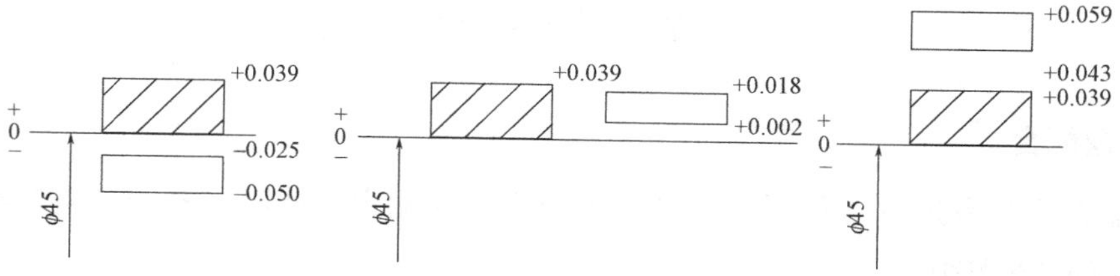

图 2.5　例 2-1

2.1.4　有关配合的术语和定义

1. 配合

配合是指基本尺寸相同的、相互结合的孔和轴公差带之间的关系。这种关系反映了孔、轴的配合性质，即孔、轴装配后配合的松紧和配合松紧的变动。

2. 间隙或过盈

孔的尺寸减去相配合的轴的尺寸所得的代数差，此差值为正时是间隙，为负时是过盈，如图 2.6 所示。

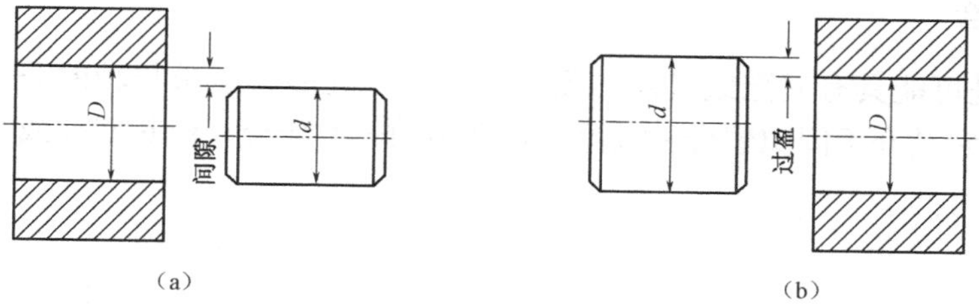

图 2.6　间隙与过盈

3. 间隙配合

间隙配合是具有间隙（包括最小间隙等于零）的配合。此时，孔的公差带在轴的公差带之上，如图 2.7 所示。

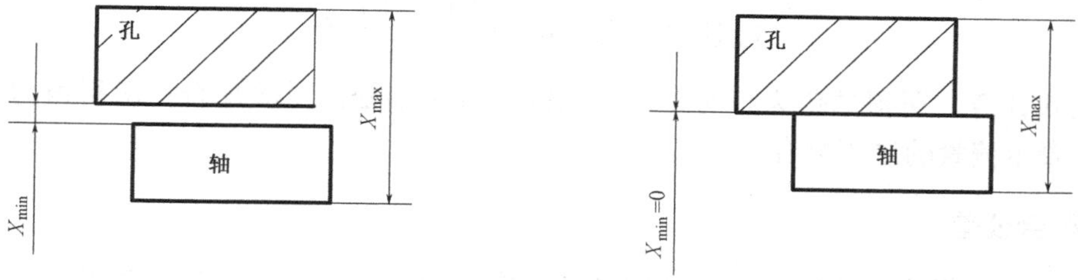

图 2.7　间隙配合

间隙配合的性质用最大间隙 X_{max}、最小间隙 X_{min} 和平均间隙 X_{av} 表示：

$$X_{max}=D_{max}-d_{min}=E_S-e_i \qquad X_{min}=D_{min}-d_{max}=E_I-e_s$$

$$X_{av}=\frac{X_{max}+X_{min}}{2}$$

4．过盈配合

过盈配合是具有过盈（包括最小过盈等于零）的配合。此时，孔的公差带在轴的公差带之下，如图 2.8 所示。

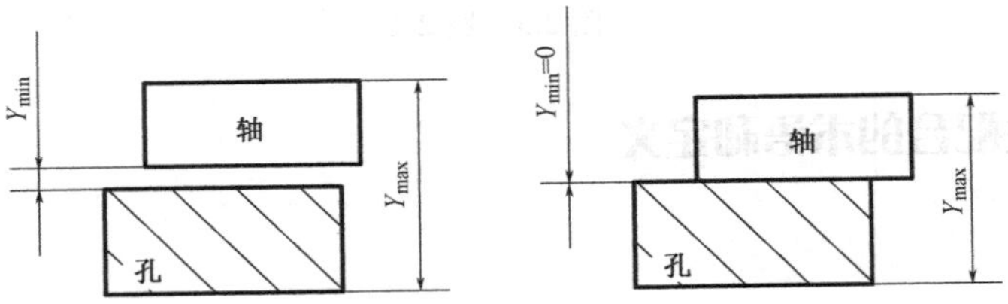

图 2.8　过盈配合

过盈配合的性质用最大过盈 Y_{max}、最小过盈 Y_{min} 和平均过盈 Y_{av} 表示：

$$Y_{min}=D_{max}-d_{min}=E_S-e_i \qquad Y_{max}=D_{min}-d_{max}=E_I-e_s$$

$$Y_{av}=\frac{Y_{max}+Y_{min}}{2}$$

5．过渡配合

过渡配合是可能具有间隙或过盈的配合。此时，孔的公差带与轴的公差带相互交叠，如图 2.9 所示。它是介于间隙配合和过盈配合之间的一类配合，但其间隙或过盈都不大。

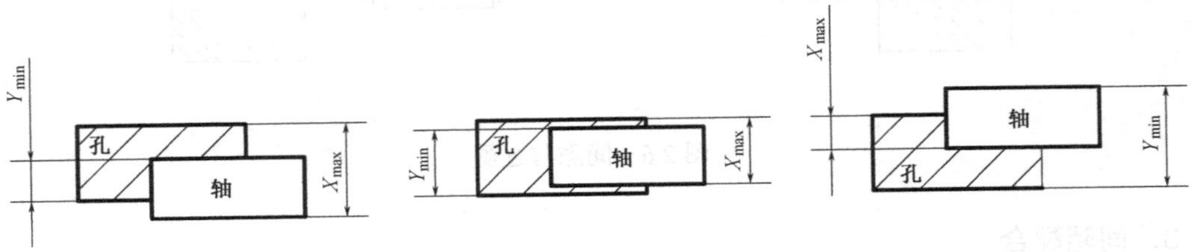

图 2.9　过渡配合

过渡配合的性质用最大间隙 X_{max}、最大过盈 Y_{max} 和平均间隙 X_{av} 或平均过盈 Y_{av} 表示：

$$X_{av}(Y_{av})=D_{av}-d_{av}=\frac{(X_{max}+Y_{max})}{2}$$

按上式计算，所得的值为正时是平均间隙，表示偏松的过渡配合；所得值为负时是平均过盈，表示偏紧的过渡配合。

6．配合公差

配合公差是组成配合的孔、轴公差之和。它是允许间隙或过盈的变动量。配合公差是一个没有符号的绝对值，用代号 T_f 表示。

对于间隙配合　　$T_f=T_D+T_d=|X_{max}-X_{min}|$

对于过盈配合　　$T_f=T_D+T_d=|Y_{min}-Y_{max}|$

对于过渡配合　　$T_f=T_D+T_d=|X_{max}-Y_{max}|$

7. 配合公差带

由代表极限间隙或极限过盈的两条直线所限定的区域，称为配合公差带，如图 2.10 所示。

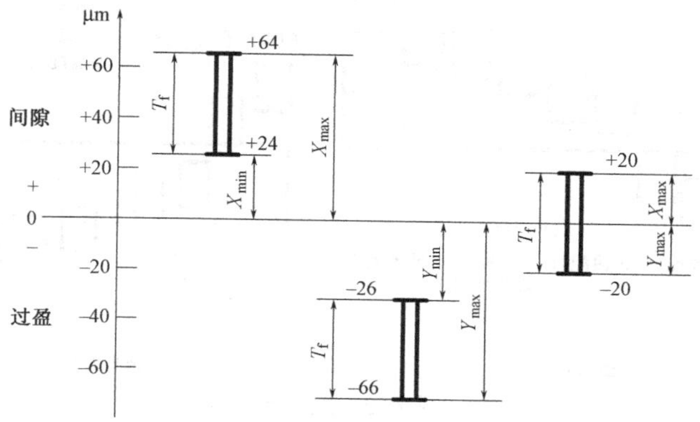

图 2.10 配合公差带图

配合公差带图就是以零间隙（或零过盈）为零线，用适当比例画出极限间隙或极限过盈的位置，以表示配合的松紧及松紧变动范围的图形。

在配合公差带图中，零线表示间隙或过盈值为零，零线以上为间隙，零线以下为过盈。配合公差带两端的坐标值代表极限间隙或极限过盈，它反映配合的松紧程度，上下两端间的距离为配合公差，它反映配合的松紧变化程度。

例 2-2 已知 $D=\phi45$mm，$T_f=41\mu m$，$X_{max}=+16\mu m$，$T_D=25\mu m$，$e_i=+9\mu m$，求作尺寸公差带图与配合公差带图。

解 因为 $T_f=T_D+T_d$，所以 $T_d=T_f-T_D=41-25=+16\mu m$。

因为 $T_d=e_s-e_i$，所以 $e_s=T_d+e_i=16+9=+25\mu m$。

因为 $X_{max}=E_S-e_i$，所以 $E_S=X_{max}+e_i=16+9=+25\mu m$。

因为 $T_D=E_S-E_I$，所以 $E_I=E_S-T_D=25-25=0$。

已知 $X_{max}=+16\mu m$，$Y_{max}=E_I-e_s=0-25=-25\mu m$，作配合公差带图（图 2.11）。

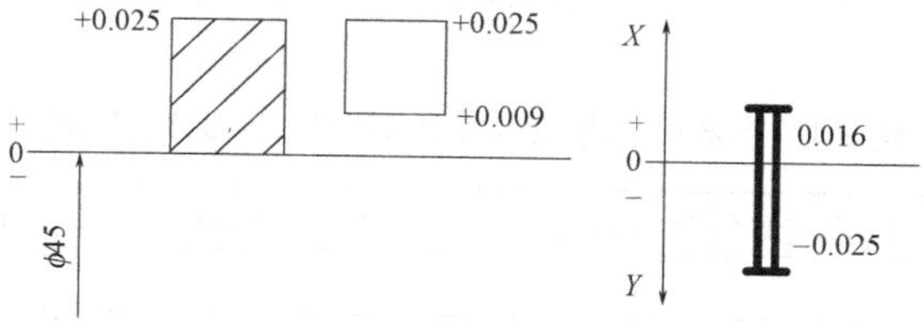

图 2.11 例 2-2

8. 基准制

① 基孔制：基本偏差为一定的孔的公差带，与不同基本偏差的轴的公差带形成各种配合的一种制度，如图 2.12（a）所示。

基孔制的孔称为基准孔，是配合中的基准件，国标规定其下偏差为零，上偏差为正值，以 H 为基准孔的代号。

② 基轴制：基本偏差为一定的轴的公差带，与不同基本偏差的孔的公差带形成各种配合的一种制度，如图 2.12（b）所示，基轴制的轴称为基准轴，是配合中的基准件，国标规定其上偏差为零，下偏差为负值，以 h 为基准轴的代号。

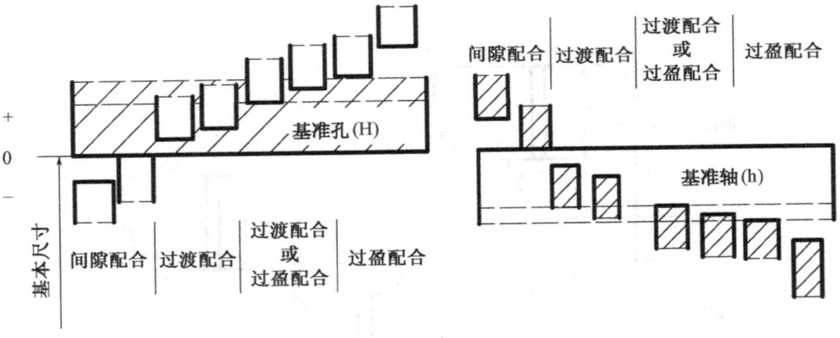

（a）基孔制配合　　（b）基轴制配合

图 2.12　配合制

2.2 极限与配合的国家标准

为了实现互换性和满足各种使用要求，《公差与配合》国家标准对不同的基本尺寸，规定了一系列的标准公差（公差带大小）和基本偏差（公差带位置），组合构成各种公差带，然后由不同的孔、轴公差带结合，形成各种配合。

2.2.1 标准公差

在机械产品中，常用尺寸为小于或等于 500 的尺寸，它们的标准公差值见表 2.1。

GB/T 1800.2—2009 中，标准公差用 IT 表示，将标准公差等级分为 20 级，用 IT 和阿拉伯数字表示为 IT01、IT02、IT1、IT2、IT3、…、IT18。其中 IT01 最大，等级依次降低，IT18 最低。从表 2.1 中可以看出，公差等级越大，公差值越小，加工难度越高。其中 IT01～IT11 主要用于配合尺寸，而 IT12～IT18 主要用于非配合尺寸。同时可以看出，同一公差等级中，基本尺寸越大，公差值也越大，说明相同公差等级尺寸的加工中，难易程度基本相同。

表 2.1　标准公差数值（摘自 GB/T 1800.2—2009）

公差等级	IT01	IT02	IT1	IT2	IT3	IT4	IT5	IT6	IT7	IT8	IT9	IT10	IT11	IT12	IT13	IT14	IT15	IT16	IT17	IT18
基本尺寸/mm	/ μm													/ mm						
≤3	0.3	0.5	0.8	1.2	2	3	4	6	10	14	25	40	60	0.10	0.14	0.25	0.40	0.60	1.0	1.4
>3～6	0.4	0.6	1	1.5	2.5	4	5	8	12	18	30	48	75	0.12	0.18	0.30	0.48	0.75	1.2	1.8
>6～10	0.4	0.6	1	1.5	2.5	4	6	9	15	22	36	58	90	0.15	0.22	0.36	0.58	0.90	1.5	2.2
>10～18	0.5	0.8	1.2	2	3	5	8	11	18	27	43	70	110	0.18	0.27	0.43	0.70	1.10	1.8	2.7
>18～30	0.6	1	1.5	2.5	4	6	9	13	21	33	52	84	130	0.21	0.33	0.52	0.84	1.30	2.1	3.3
>30～50	0.6	1	1.5	2.5	4	7	11	16	25	39	62	100	160	0.25	0.39	0.62	1.00	1.60	2.5	3.9
>50～80	0.8	1.2	2	3	5	8	13	19	30	46	74	120	190	0.30	0.46	0.74	1.20	1.90	3.0	4.6
>80～120	1	1.5	2.5	4	6	10	15	22	35	54	87	140	220	0.35	0.54	0.87	1.40	2.20	3.5	5.4
>120～180	1.2	2	3.5	5	8	12	18	25	40	63	100	160	250	0.40	0.63	1.00	1.60	2.50	4.0	6.3

续表

公差等级	IT01	IT02	IT1	IT2	IT3	IT4	IT5	IT6	IT7	IT8	IT9	IT10	IT11	IT12	IT13	IT14	IT15	IT16	IT17	IT18
基本尺寸/mm	/ μm													/ mm						
＞180～250	2	3	4.5	7	10	14	20	29	46	72	115	185	290	0.46	0.72	1.15	1.85	2.90	4.6	7.2
＞250～315	2.5	4	6	8	12	16	23	32	52	81	130	210	320	0.52	0.81	1.30	2.10	3.20	5.2	8.1
＞315～400	3	5	7	9	13	18	25	36	57	89	140	230	360	0.57	0.89	1.40	2.30	3.60	5.7	8.9
＞400～500	4	6	8	10	15	20	27	40	63	97	155	250	400	0.63	0.97	1.55	2.50	4.00	6.3	9.7

2.2.2 基本偏差

1. 基本偏差代号及其特点

为了满足各种不同配合的需要，国标分别对孔轴规定了 28 种基本偏差，如图 2.13 所示，每种基本偏差都以 1 个或 2 个拉丁字母表示，大写为孔，小写为轴，并在 26 个字母中，去掉了 I(i), L(1), O(o), Q(q)和 W(w)，又增加了由两个字母组成的 CD(cd)、EF(ef)、FG(fg)、JS(js)、ZA(za)、ZB(zb)、ZC(zc)。

由图 2.13 可见，基本偏差系列具有以下特点。

① 对轴：a～h 基本偏差是 e_s，k～zc 基本偏差是 e_i。

② 对孔：A～H 基本偏差是 E_I，K～ZC 基本偏差是 E_S。

③ JS 与 js 为双向偏差，其基本偏差可以认为是上偏差（+IT/2），也可以认为是下偏差（−IT/2）。

④ 从 A～H(a–h)基本偏差的绝对值逐渐减小。从 K–V ZC(k～zc)基本偏差的绝对值逐渐增大。

⑤ 基本偏差只确定公差带靠近零线的一端，公差带的另一端取决于公差等级和这个基本偏差的组合。

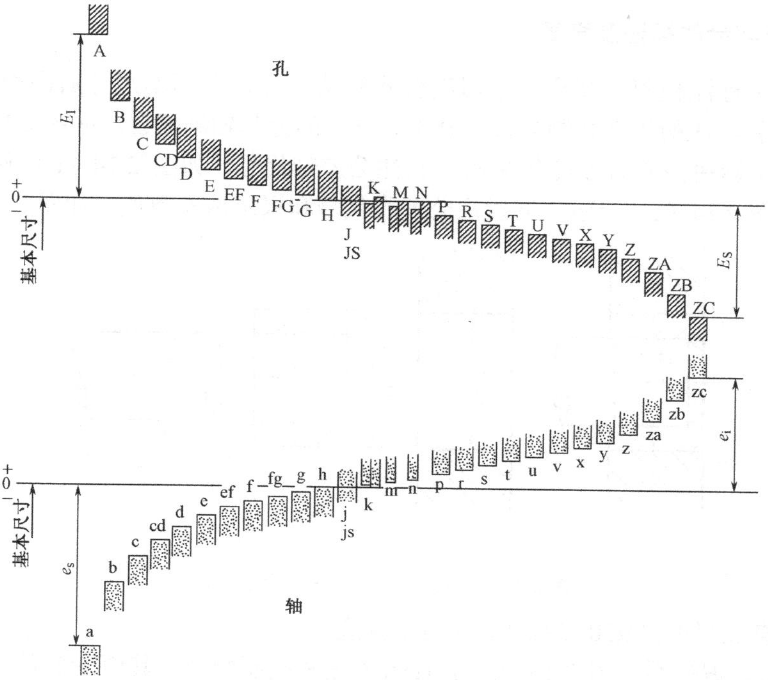

图 2.13　基本偏差系列

2．基本偏差的数值

基本偏差数值也是经过试验公式计算得到的，实际使用时可查表（见附录A）。

从附录A中可以看到，代号为H的基准孔，其基本偏差 E_I 总是等于零，代号为h的基准轴，其基本偏差 e_s 总是等于零。

3．公差带代号与配合代号

① 公差带代号。由于公差带相对于零线的位置是由基本偏差确定的，公差带的大小由公差等级确定，因此孔和轴的公差带代号由基本偏差代号与公差等级代号组成。

例如：

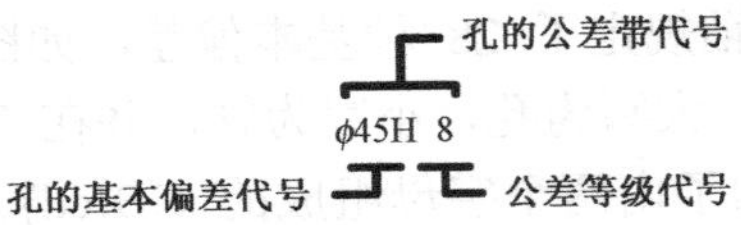

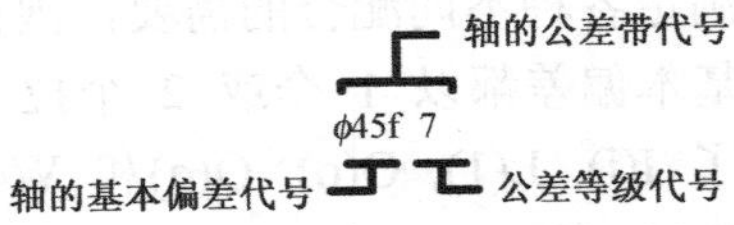

其中，公差等级数字确定公差带的大小，基本偏差代号确定公差带的位置。在零件图上，一般标注基本尺寸与极限偏差值。

② 配合代号。标准规定，用孔和轴的公差带代号以分数形式组成配合的代号，其中分子为孔的公差带代号，分母为轴的公差带代号。例如，ϕ25H8/f7 表示基孔制间隙配合，ϕ45K7/h6 表示基轴制过渡配合。

显然，在基孔制配合中：

H/a～h 为间隙配合，H/j～n 为过渡配合，H/p～zc 为过盈配合。

在基轴制配合中：

A～H/h 为间隙配合，J～N/h 为过渡配合，P～ZC/h 为过盈配合。

4．极限与配合的标注及查表

在装配图上标注极限与配合，采用组合式注法。它是在基本尺寸后面用一分数形式表示。通常分子中含H的为基孔制配合，分母中含h的为基轴制配合，如图2.14（a）所示。

在零件图上标注公差的形式有3种：只注公差带代号，如图2.14（b）所示；只注极限偏差数值，如图2.14（c）所示；同时注公差带代号和极限偏差数值，如图2.14（d）所示。

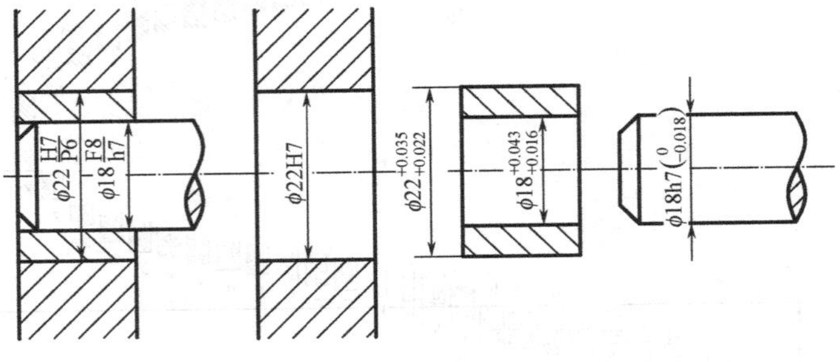

（a）　（b）　（c）　（d）

图2.14　极限与配合在图样上的标注

例2-3　查表写出 ϕ22(H8/F7)的极限偏差数值。

解　对照基本偏差系列图2.13可知，H8/F7是基孔制配合，其中H8是基准孔的公差带代号，f7是配合轴的公差带代号。

① ϕ22H8 基准孔的极限偏差，可由附录 A 中查得。在表中由基本尺寸从大于 18～24 的行和公差带 H8 的列相交处查得 $^{+33}_{0}$（即+0.033mm 和 0mm）这就是基准孔的上、下偏差，所以，ϕ22H8 可写成 $\phi22^{+0.033}_{0}$。

② ϕ22f7 配合轴的极限偏差，可由附录 A 中查得。在表中可由基本尺寸从大于 18～24 的行和公差带 f7 的列相交处查得 $^{-20}_{-41}$（即–0.020mm 和–0.041mm），它是配合轴的上偏差和下偏差，所以 ϕ22f7 可写成 $\phi22^{-0.020}_{-0.041}$。

5. 一般公差（线性尺寸的未注公差）

线性尺寸的一般公差是指在车间普通工艺条件下，机床设备一般加工能力可保证的公差。在正常维护和操作情况下，它代表经济加工精度，主要用于低精度的非配合尺寸。采用一般公差的尺寸在车间正常生产能保证的条件下，一般可不检验，而主要由工艺装备和加工者自行控制。应用一般公差可简化制图，节省图样设计时间，明确可由一般工艺水平保证的尺寸，突出图样上注出公差的尺寸（这些尺寸大多数是重要而且需要控制的）。

GB/T 1804—2000 对线性尺寸的一般公差规定了 4 个公差等级，即 f（精密级）、m（中等级）、c（粗糙级）和 v（最粗级）。对尺寸也采用了大的尺寸分段。国家标准对孔、轴与长度的极限偏差均采用与国际标准 ISO 2768—1：1989 一致的双向对称分布偏差。其极限偏差值全部采用对称偏差值，线性尺寸的未注极限偏差数值见表 2.2。

表 2.2　线性尺寸的未注极限偏差数值（摘自 GB/T 1804—2000）（mm）

公差等级	尺寸分段							
	0.5～3	>3～6	>6～30	>30～120	>120～400	>400～1000	>1000～2000	>2000～4000
f（精密级）	±0.05	±0.05	±0.1	±0.15	±0.2	±0.3	±0.5	—
m（中等级）	±0.1	±0.1	±0.2	±0.3	±0.5	±0.8	±0.2	±2
c（粗糙级）	±0.2	±0.3	±0.5	±0.8	±1.2	±2	±3	±4
v（最粗级）	—	±0.5	±1	±1.5	±2.5	±4	±6	±8

采用一般公差的尺寸，在图样上只注基本尺寸，不注极限偏差，而在图样上或技术文件中用国家标准号和公差等级代号表示，在两者之间用一短画线隔开。例如，选用 m（中等级）时，则表示为 GB/T 1804—m。这表明图样上凡未注公差的线性尺寸（包含倒圆半径与倒角高度）按 m（中等级）加工和检验。

习题 2

1. 什么是极限尺寸？什么是实际尺寸？二者关系如何？
2. 作用尺寸和实际尺寸的区别是什么？工件在什么情况下，其作用尺寸和实际尺寸相同？
3. 试述标准公差、基本偏差、误差及公差等级的区别和联系。
4. 什么是配合？当基本尺寸相同时，如何判断孔轴配合性质的异同？
5. 间隙配合、过渡配合、过盈配合各适用于什么场合？
6. 如何根据图样标注或其他条件确定尺寸公差带图？

第3章

形状与位置公差

在零件加工过程中，由于机床、夹具和刀具系统存在几何误差，以及切削中出现受力变形、热变形、振动和磨损等影响，不可避免会产生尺寸误差，因此，为满足零件装配后的功能要求，保证零件的互换性和经济性，不仅对零件尺寸误差要加以限制，而且对零件的几何要素规定必要的形状和位置公差。本章重点要求掌握各种形位误差的常用检测方法及数据处理。

3.1 形状和位置误差的基本概述

3.1.1 零件的几何要素

几何要素（简称要素）是指构成零件几何特征的点、线和面。如图 3.1 所示为零件的球面、圆柱面、圆锥面、端面、轴线、球心等。

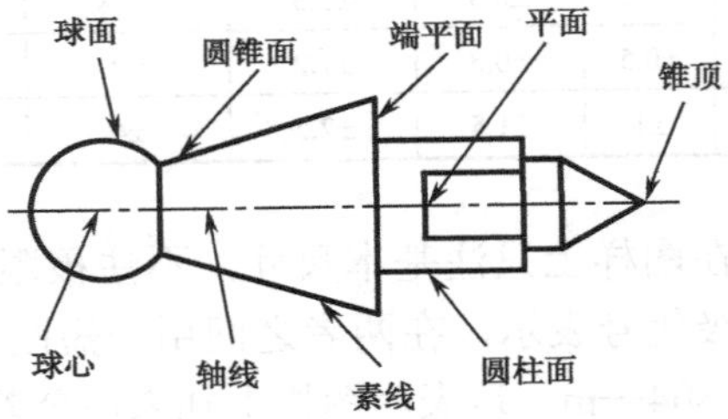

图 3.1　零件的几何要素

几何要素可按不同角度来分类。

1. 按结构特征分

（1）轮廓要素

轮廓要素是指构成零件外形的点、线、面各要素，如图 3.1 中的球面、圆锥面、圆柱面、端平面，以及圆锥面和圆柱面的素线。

（2）中心要素

中心要素是指轮廓要素对称中心所表示的点、线、面各要素，如图 3.1 中的轴线和球心。

2．按存在状态分

（1）实际要素

实际要素是指零件实际存在的要素，通常用测量得到的要素代替。

（2）理想要素

理想要素是指具有几何意义的要素，它们不存在任何误差。机械零件图样表示的要素均为理想要素。

3．按所处地位分

（1）被测要素

被测要素是指图样上给出形状或（和）位置公差要求的要素，是检测的对象。

（2）基准要素

基准要素是指用来确定被测要素方向或（和）位置的要素。

4．按功能关系分

（1）单一要素

单一要素是指仅对要素自身提出功能要求而给出形状公差的要素。

（2）关联要素

关联要素是指相对基准要素有功能要求而给出位置公差的要素。

3.1.2　形位公差的特征项目及其符号

按国家标准 GB/T 1182—2008 的规定，形位公差特征项目共有 14 个。其中，形状公差有 4 个，它是对单一要素提出的要求，因此无基准要求；位置公差有 8 个，它是对关联要素提出的要求，因此，在大多数情况下有基准要求；形状或位置（轮廓）公差有 2 个，若无基准要求，则为形状公差；若有基准要求，则为位置公差。位置公差又分为定向公差、定位公差和跳动公差。各项目的名称及符号见表 3.1。被测要素、基准要素的标注要求及其他附加符号见表 3.2。

表 3.1　形位公差项目、符号及分类

公差类别	项目	符号	公差类别		项目	符号
形状公差	直线度	υ	位置公差	定向	平行度	ϕ
	平面度	χ			垂直度	β
	圆度	ε			倾斜度	α
	圆柱度	γ		定位	同轴度	ρ
形状或位置公差	线轮廓度	κ			对称度	i
	面轮廓度	δ			位置度	φ
				跳动	圆跳动	η
					全跳动	τ

表 3.2　被测要素、基准要素的标注要求及其他附加符号

说　明		符　号	说　明	符　号
被测要素的标注	直接		最大实体要求	m
	用字母	A	最小实体要求	l
基准要素的标注		Ⓐ	可逆要求	}
基准目标的标注		ϕ2 / A1	延伸公差带	p
理论正确尺寸		50	自由状态（非刚性零件）条件	@
包容要求		{	全周（轮廓）	

3.1.3　形状和位置公差的代号

GB/T 1182—2008 规定用代号来标注形状与位置公差。

形位公差代号包括形位公差的各项目的符号（表 3.1）、形位公差框格及指引线、形位公差值和其他有关符号及基准代号等。这些内容可参阅图 3.2 及图中说明。框格内字体的高度与图样中的尺寸数字等高。对被测要素的形状要求见表 3.3。

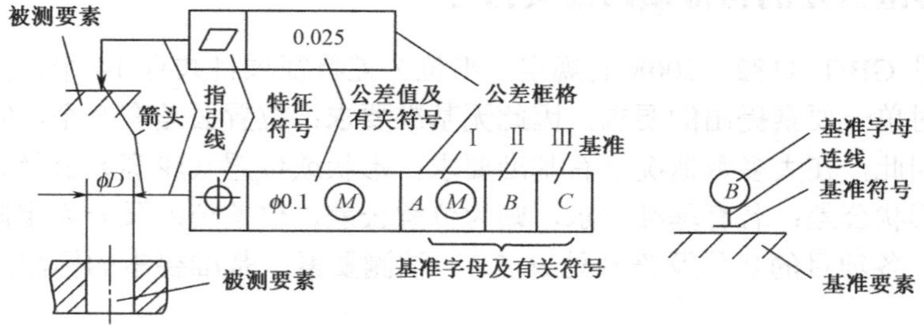

（a）形位公差代号　　（b）基准代号

图 3.2　公差框格及基准代号

表 3.3　对被测要素的形状要求

含　义	符 号
只许中间向材料内凹下	(–)
只许中间向材料外凸起	(+)
只许从左至右减小	(▷)
只许从右至左减小	(◁)

3.1.4　形位公差的标注示例

如图 3.3 所示为气门阀杆形位公差标注，从图中可以看到，当被测定的要素为线或表面时，从框格引出的指引线箭头，应指在该要素的轮廓线或其延长线上。当被测要素是轴线

时，应将箭头与该要素的尺寸线对齐，如 M8×1 轴线的同轴度注法。当基准要素是轴线时，应将基准符号与该要素的尺寸线对齐，如基准 A。

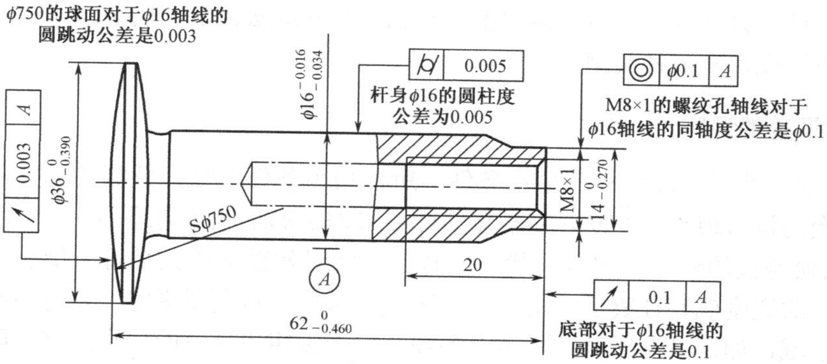

图 3.3　气门阀杆形位公差标注

3.2 形状公差及公差带

形位公差带是用来限制被测要素变动的区域。它是一个几何图形，只要被测要素完全落在给定的公差带内，就表示该要素的形状和位置符合要求。

形位公差带具有形状、大小、方向和位置 4 要素。公差带的形状由被测要素的理想形状和给定的公差特征项目所确定。常见的形位公差带的形状如图 3.4 所示。公差带的大小是由公差值 t 确定的，指的是公差带的宽度或直径。形位公差带的方向和位置有两种情况：公差带的方向或位置可以随实际被测要素的变动而变动，没有对其他要素保持一定几何关系的要求，这时公差带的方向或位置是浮动的；若形位公差带的方向或位置必须和基准要素保持一定的几何关系，则是固定的。所以，位置公差（标有基准）的公差带的方向和位置一般是固定的，形状公差（未标基准）的公差带的方向和位置一般是浮动的。

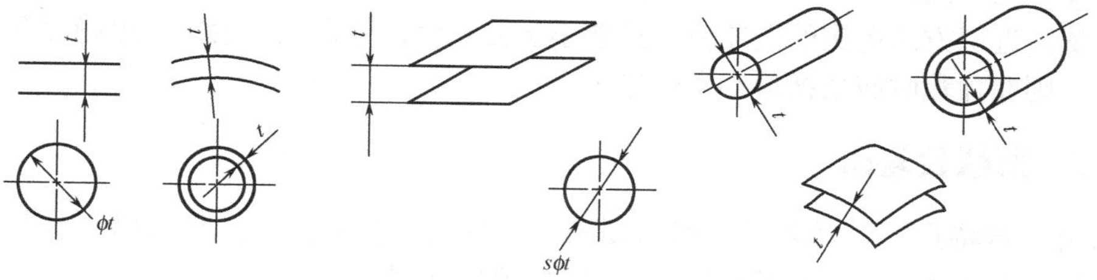

（a）平面区域　　（b）空间区域

图 3.4　常见形位公差带的形状

3.2.1　形状误差和形状公差

1. 形状误差

形状误差是指被测实际要素对理想要素的变动量。

2．形状公差

形状公差是指单一实际要素的形状所允许的变动全量。形状公差（包括没有基准要求的线、面轮廓度）共有6项，随被测要素的结构特征和对被测要素的要求不同，直线度、线轮廓度、面轮廓度都有多种类型。

3．形状误差的评定

① 形状误差的评定准则——最小条件。所谓最小条件，是指被测实际要素相对于理想要素的最大变动量为最小，此时，对被测实际要素评定的误差值为最小。

② 形状误差值的评定。评定形状误差时，形状误差数值的大小可用最小包容区域（简称最小区域）的宽度或直径表示。最小包容区域是指包容被测要素时，具有最小宽度 f 或直径 f 的包容区域，如图3.5所示。显然，各项公差带和相应误差的最小区域，除宽度或直径（即大小）分别由设计给定和由被测实际要素本身决定外，其他三特征应对应相同，只有这样，误差值和公差值才具有可比性。因此，最小区域的形状应与公差带的形状一致（即应服从设计要求）；公差带的方向和位置则应与最小区域一致（设计本身无要求的前提下应服从误差评定的需要）。

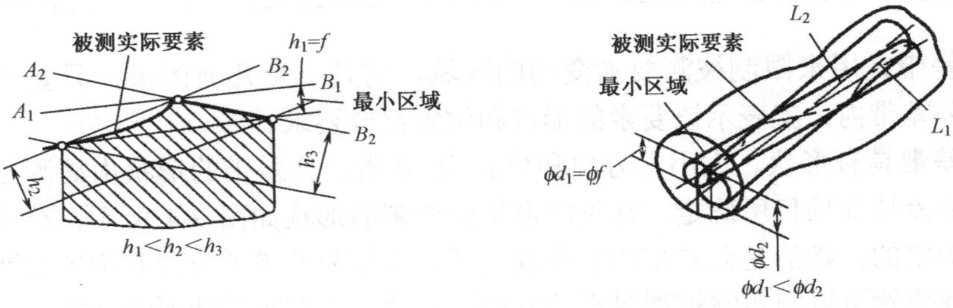

(a)　　(b)

图3.5　最小条件与最小区域

遵守最小条件原则，可以最大限度地通过合格件。但在许多情况下，又可能使检测和数据处理复杂化。因此，允许在满足零件功能要求的前提下，用近似最小区域的方法来评定形状误差值。近似方法得到的误差值，只要小于公差值，零件在使用中会更趋可靠；但若大于公差值，则在仲裁时应依据最小条件原则。

3.2.2　形状公差带

形状公差带特点：只对要素有形状要求，无方向、位置约束，是指单一实际要素的形状所允许的变动全量。形状公差带定义、标注和解释见表3.4。

表3.4　形状公差带定义、标注和解释

特征	公差带定义	标注和解释
直线度	在给定平面内，公差带是距离为公差值 t 的两平行直线之间的区域 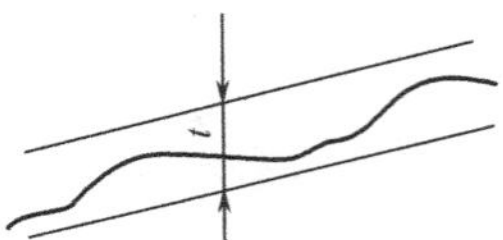	被测表面的素线必须位于平行于图样所示投影面且距离为公差值0.1mm的两平行直线内 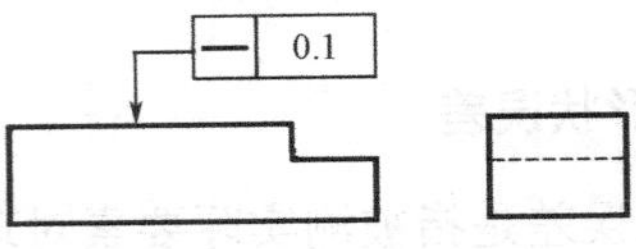

续表

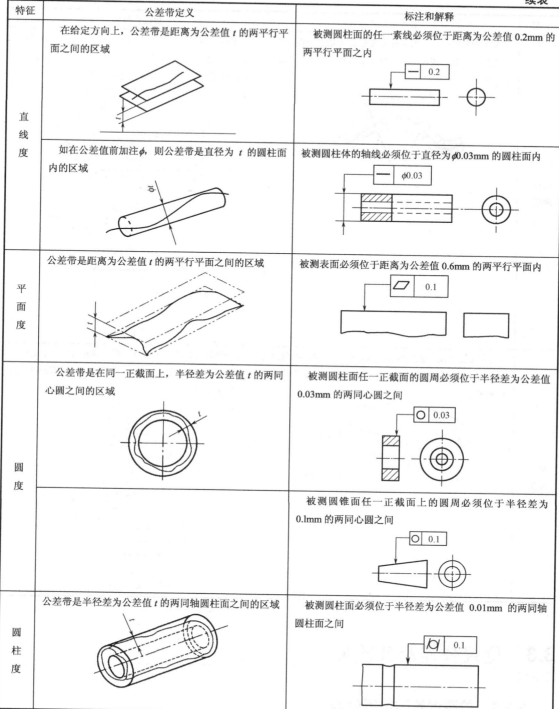

特征	公差带定义	标注和解释
直线度	在给定方向上，公差带是距离为公差值 t 的两平行平面之间的区域 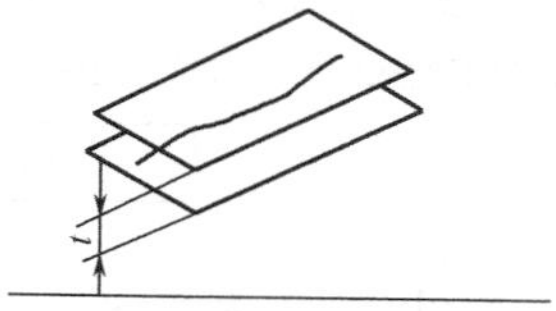	被测圆柱面的任一素线必须位于距离为公差值 0.2mm 的两平行平面之内 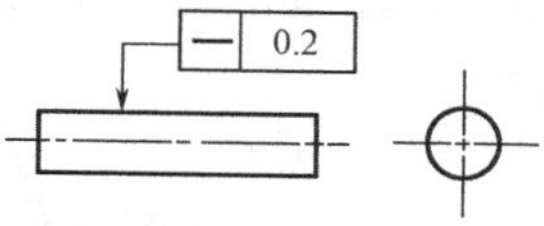
	如在公差值前加注 ϕ，则公差带是直径为 t 的圆柱面内的区域 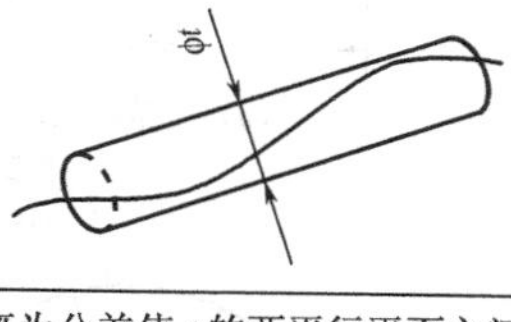	被测圆柱体的轴线必须位于直径为 ϕ0.03mm 的圆柱面内 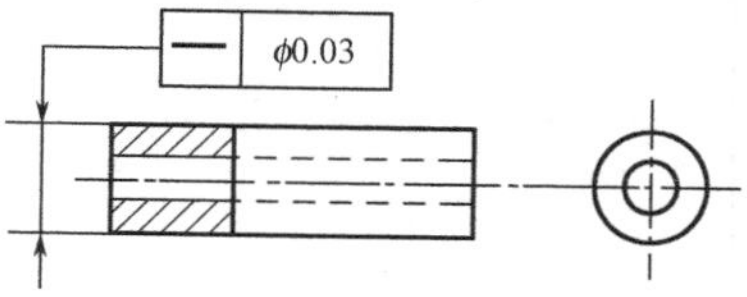
平面度	公差带是距离为公差值 t 的两平行平面之间的区域 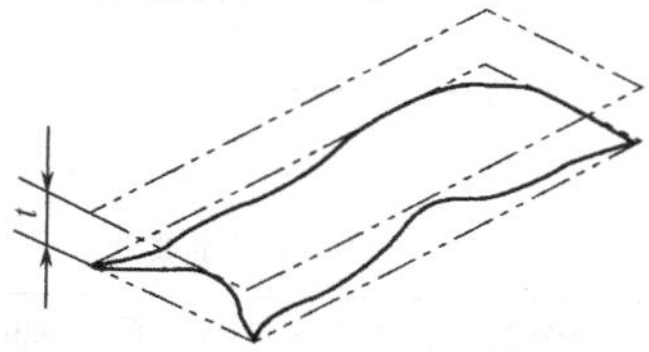	被测表面必须位于距离为公差值 0.6mm 的两平行平面内 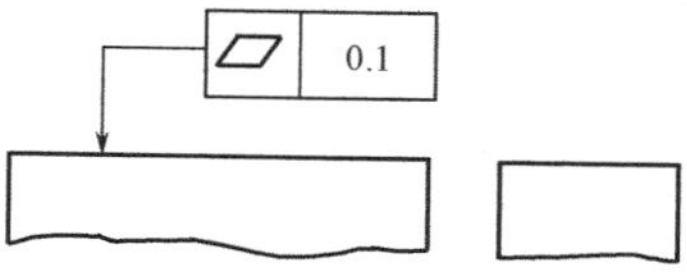
圆度	公差带是在同一正截面上，半径差为公差值 t 的两同心圆之间的区域 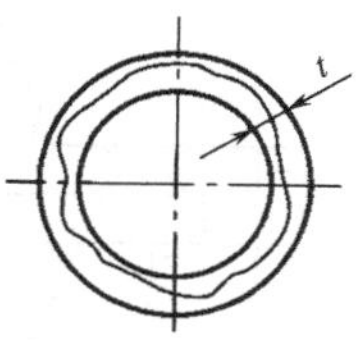	被测圆柱面任一正截面的圆周必须位于半径差为公差值 0.03mm 的两同心圆之间 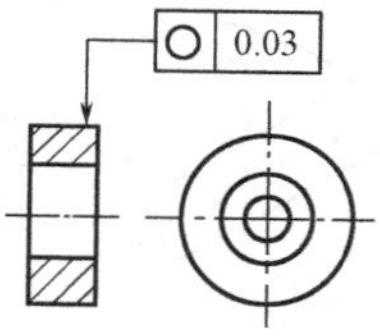
		被测圆锥面任一正截面上的圆周必须位于半径差为 0.1mm 的两同心圆之间 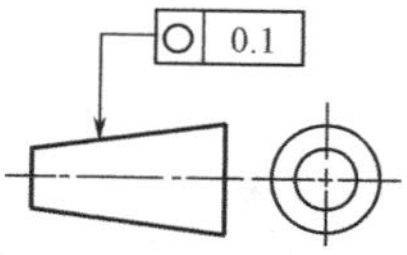
圆柱度	公差带是半径差为公差值 t 的两同轴圆柱面之间的区域 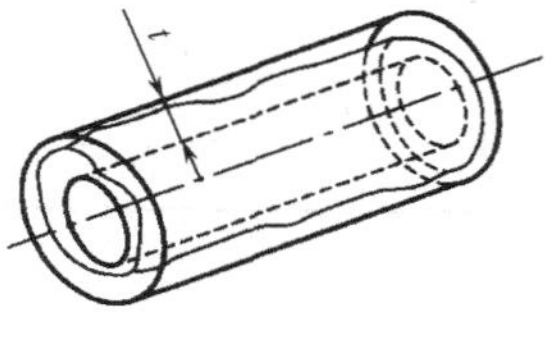	被测圆柱面必须位于半径差为公差值 0.01mm 的两同轴圆柱面之间 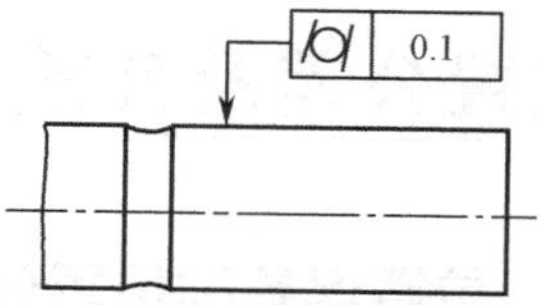

3.2.3　轮廓度公差与公差带

轮廓度公差特征有线轮廓度和面轮廓度。轮廓度无基准要求时为形状公差，有基准要求时为位置公差。轮廓度公差带定义、标注和解释见表 3.5。

表 3.5　轮廓度公差带定义、标注和解释

特征	公差带定义	标注和解释
线轮廓度	公差带是包络一系列直径为公差值 *t* 的圆的两包络线之间的区域。诸圆的圆心位于具有理论正确几何形状的线上 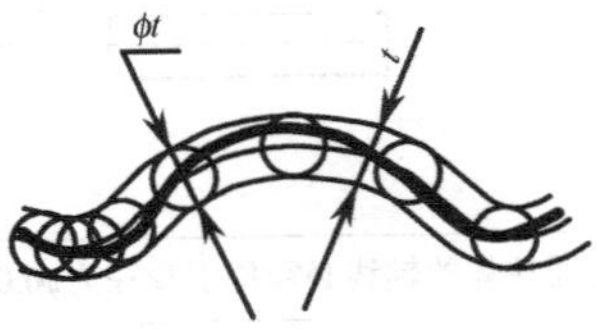	在平行于图样所示投影面的任一截面上，被测轮廓线必须位于包络一系列直径为公差值 0.04mm，且圆心位于具有理论正确几何形状的线上的两包络线 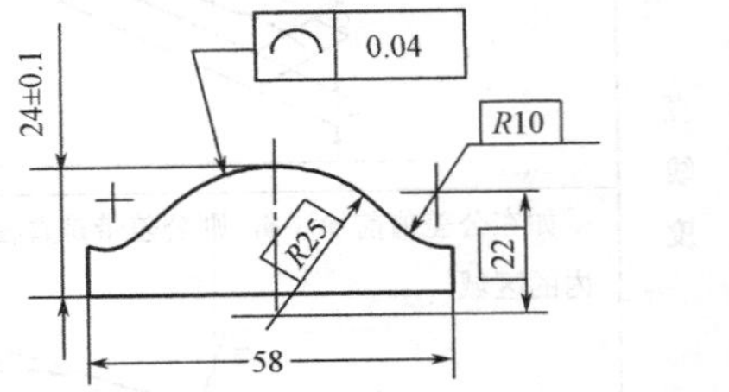 （a）无基准要求 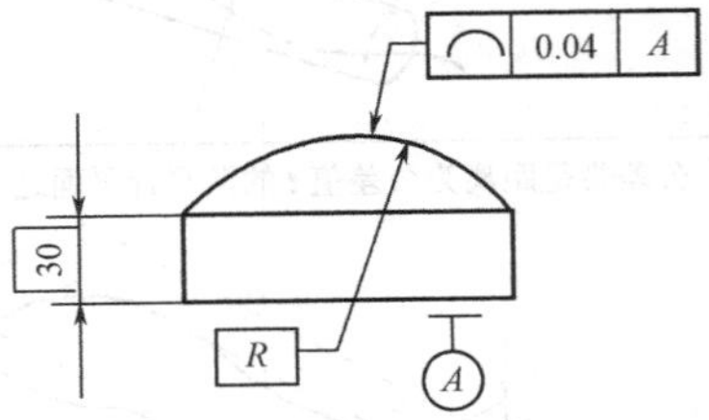 （b）有基准要求
面轮廓度	公差带是包络一系列直径为公差值 *t* 的球的两包络面之间的区域，诸球的球心位于具有理论正确几何形状的面上 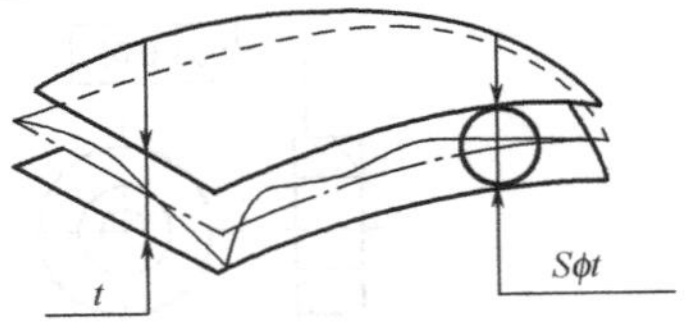 d=t	被测轮廓面必须位于包络一系列球的两包络面之间，诸球的直径为公差值 0.02mm，且球心位于具有理论正确几何形状的面上 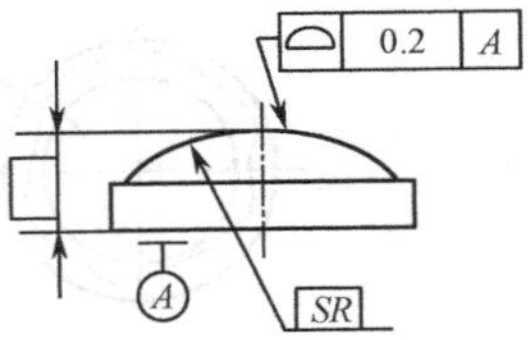 （a）无基准要求 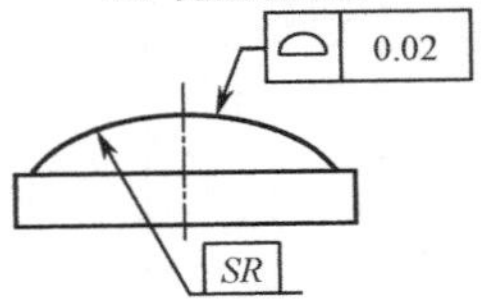 （b）有基准要求

3.3 位置公差及公差带

3.3.1 位置误差和位置公差

1. 位置误差

位置误差是指关联被测实际要素对其理想要素的变动量。

2. 位置公差

位置公差是指关联实际要素的位置对基准所允许的变动全量。位置公差按几何特征分类如下。

① 定向公差：具有确定方向的功能，即确定被测实际要素相对基准要素的方向精度。

② 定位公差：具有确定位置的功能，即确定被测实际要素相对基准要素的位置精度。

③ 跳动公差：具有综合控制的能力，即确定被测实际要素的形状和位置两方面的综合精度。

3. 位置误差的评定

① 定向误差：是被测实际要素对一具有确定方向的理想要素的变动量，该理想要素的方向由基准确定。

定向误差值用定向最小包容区域（简称定向最小区域）的宽度或直径表示，如图 3.6 所示，定向最小区域是指按理想要素的方向包容被测实际要素时，具有最小宽度或直径的包容区域。

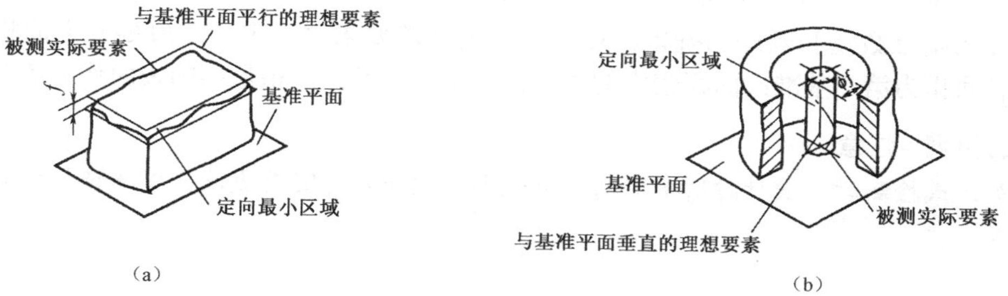

图 3.6　定向误差

② 定位误差：是被测实际要素对一具有确定位置的理想要素的变动量。该理想要素的位置由基准和理论正确尺寸确定。

所谓“理论正确尺寸”是用来确定被测要素的理想形状、方向和位置的尺寸。它只表达设计时对被测要素的理想要求，故不附带公差，而该要素的形状、方向和位置误差则由给定的形位公差来控制。

定位误差用定位最小包容区域（简称定位最小区域）的宽度或直径表示，如图 3.7 所示。定位最小区域是指以理想要素定位来包容被测实际要素时，具有最小宽度或直径的包容区域。

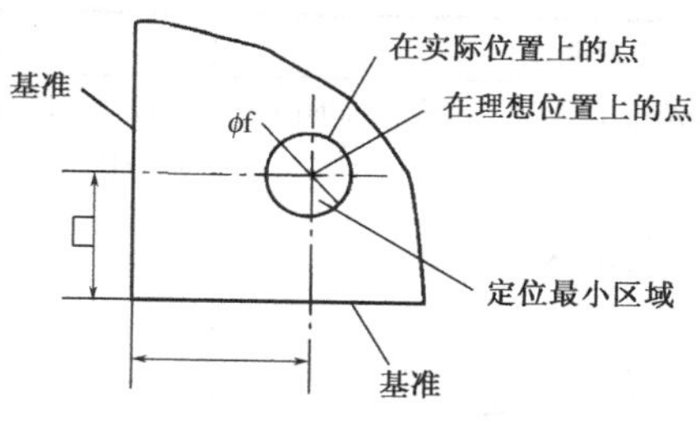

图 3.7　定位误差

③ 跳动：是当被测要素绕基准轴线旋转时，以指示器测量被测实际要素表面来反映其

几何误差，它与测量方法有关，是被测要素形状误差和位置误差的综合反映。

跳动的大小由指示器示值的变化确定，例如，圆跳动是被测实际要素绕基准轴线作无轴向移动回转一周时，由位置固定的指示器在给定方向上测得的最大与最小示值之差。

3.3.2 基准

基准是具有正确形状的理想要素，在实际运用时，则由基准实际要素来确定。由于实际要素存在形位误差，因此，由实际要素建立基准时，应以该基准实际要素的理想要素为基准，理想要素的位置应符合最小条件。

基准的种类通常分为如下3种。

① 单一基准：由一个要素建立的基准称为单一基准，一般是由圆柱轴线建立的基准。

② 组合基准（公共基准）：凡由两个或两个以上要素建立一个独立的基准称为组合基准或公共基准。一般由两段轴线 *A*、*B* 建立公共基准。

③ 基准体系（三基面体系）：确定被测要素在空间的理想位置所采用的基准，由3个互相垂直的基准平面组成，是这3个互相垂直的基准平面组成的基准体系。三基面体系（含三个基准平面）：第一基准平面、第二基准平面、第三基准平面。

零件的基准数量和顺序的确定：根据零件的功能要求来确定，一般零件上面积大、定位稳的表面作为第一基准；面积较小的表面作为第二基准；面积最小的表面作为第三基准。

NOTICE 注意

在加工或检测时，设计时所确定的基准表面和顺序不可随意更改，以保证设计时提出的功能要求。

3.3.3 位置公差带

1．定向公差

定向公差是关联被测要素对基准要素在规定方向上所允许的变动量，定向公差与其他形位公差相比有其明显的特点：定向公差带相对于基准有确定的方向，并且公差带的位置可以浮动；定向公差带还具有综合控制被测要素的方向和形状的职能。

根据两要素给定方向不同，定向公差分为平行度、垂直度和倾斜度3个项目，见表3.6。

表3.6 定向公差带定义、标注和解释

特征		公差带定义	标注和解释
平行度	面对面	公差带是距离为公差值 t，且平行于基准面的两平行平面之间的区域 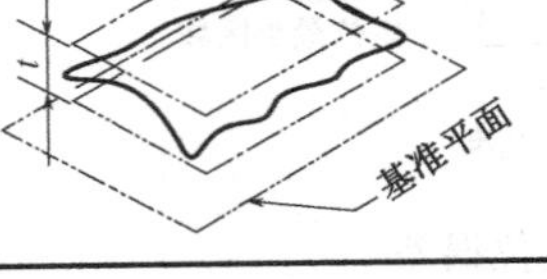	被测表面必须位于距离为公差值0.05mm，且平行于基准表面 *A*（基准平面）的两平行平面之间 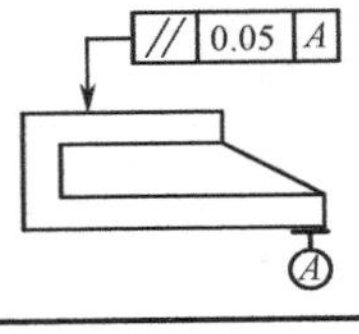

续表

特征		公差带定义	标注和解释
	线对面	公差带是距离为公差值 *t*，且平行于基准平面的两平行平面之间的区域 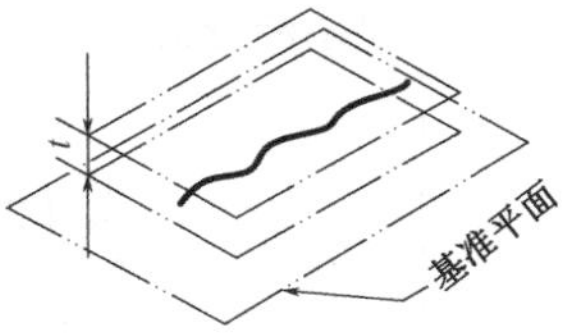 	被测轴线必须位于距离为公差值 0.03mm，且平行于基准表面 *A*（基准平面）的两平行平面之间 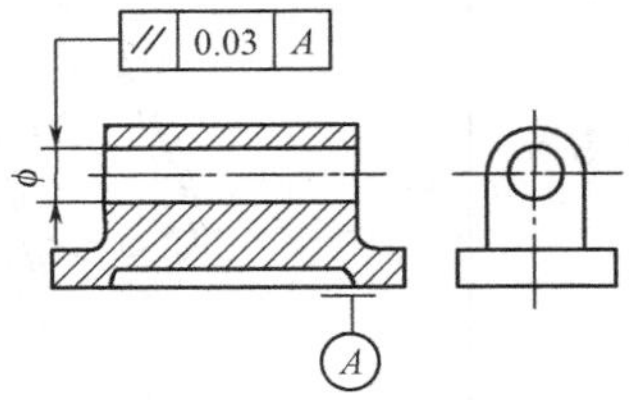
	面对线	公差带是距离为公差值 *t*，且平行于基准轴线的两平行平面之间的区域 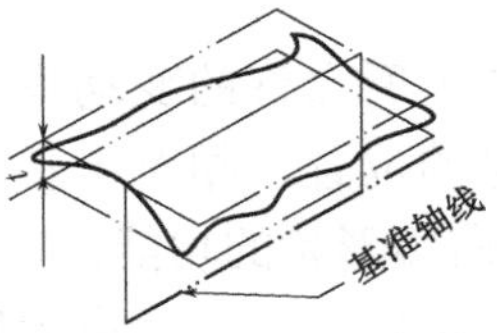 	被侧表面必须位于距离为公差值 0.05mm，且平行于基准线 *A*（基准轴线）的两平行平面之间 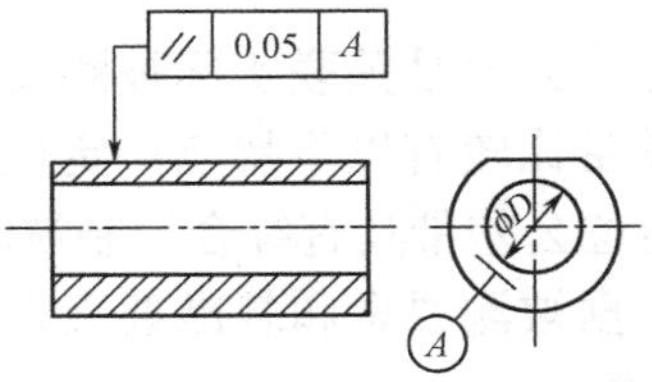
	线对线	公差带是距离为公差值 *t*，且平行于基准线，并位于给定方向上的两平行平面之间的区域 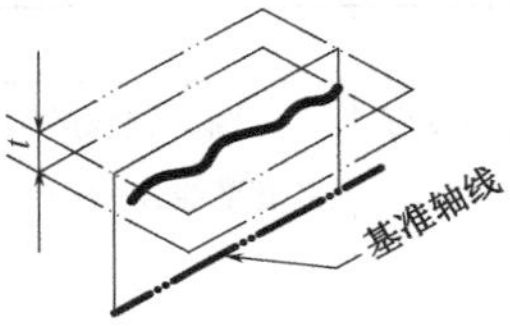 	被测轴线必须位于距离为公差值 0.1mm，且在给定方向上平行于基准轴线的两平行平面之间 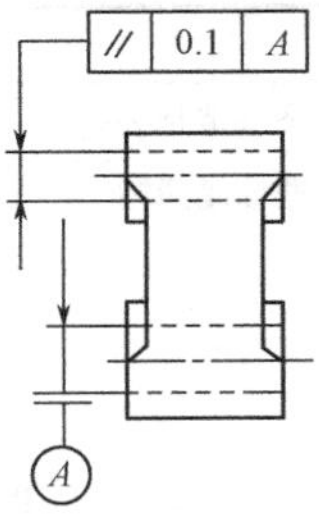
		公差带是直径为公差值 *t*，且平行于基准线的圈柱面内的区域 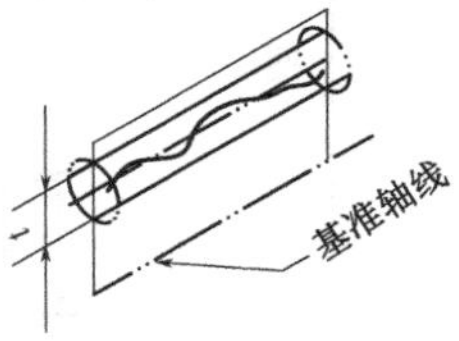 	被测轴线必须位于直径为公差值 0.1mm，且平行于基准轴线的圆柱面内 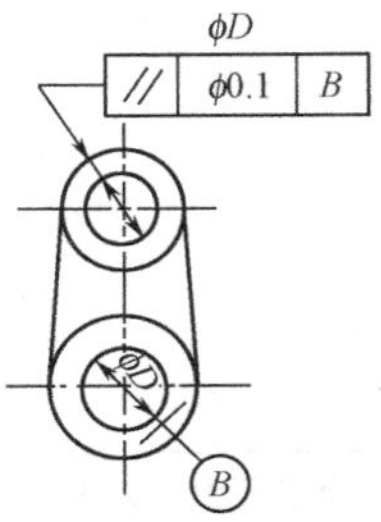
垂直度	面对面	公差带是距离为公差值 *t*，且垂直于基准平面的两平行平面之间的区域 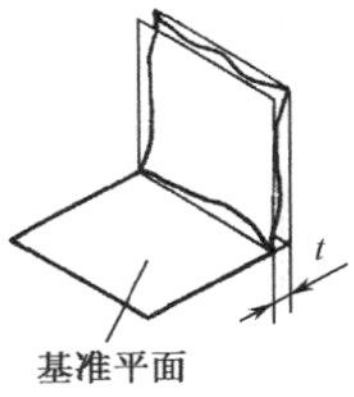 	被测面必须位于距离为公差值 0.05mm，且垂直于基准平面 *C* 的两平行平面之间 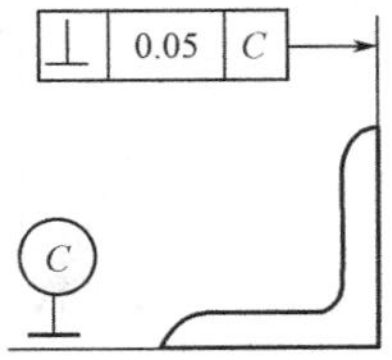

续表

<table>
<tr><th colspan="2">特　征</th><th>公差带定义</th><th>标注和解释</th></tr>
<tr><td>倾斜度</td><td>面对面</td><td>公差带是距离为公差值 t，且与基准线成一给定角度α的两平行平面之间的区域
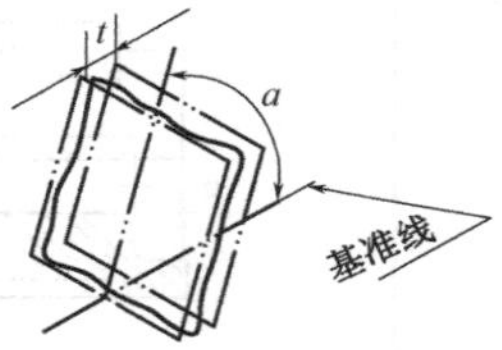
</td><td>被测表面必须位于距离为公差值 0.1mm，且与基准线 D（基准轴线）或理论正确角度呈 70° 的两平行平面之间
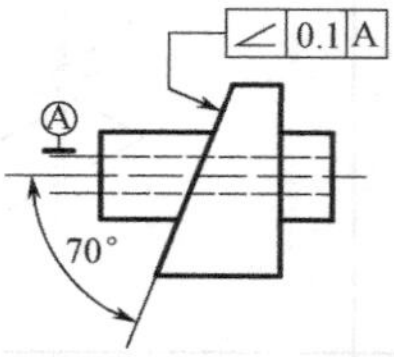
</td></tr>
</table>

2. 定位公差

定位公差是关联实际被测要素对基准在位置上所允许的变动量。定位公差带与其他形位公差带比较有以下特点：定位公差带具有确定的位置，相对于基准的尺寸为理论正确尺寸；定位公差带具有综合控制被测要素位置、方向和形状的功能。

根据被测要素和基准要素之间的功能关系，定位公差分为位置度、同轴度和对称度，见表 3.7。

表 3.7　定位公差带定义、标注和解释

<table>
<tr><th colspan="2">特征</th><th>公差带定义</th><th>标注和解释</th></tr>
<tr><td>同轴度</td><td>轴线的同轴度</td><td>公差带是公差值 t 的圆柱面的区域，该圆柱面的轴线与基准轴线同轴
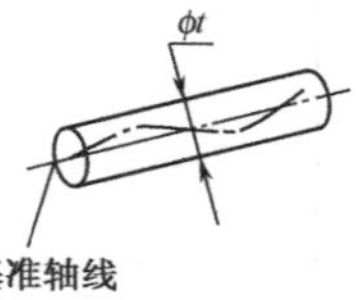
</td><td>大圆的轴线必须位于公差值φ0.08mm，且与公共基准线 A—B（公共基准轴线）同轴的圆柱面内
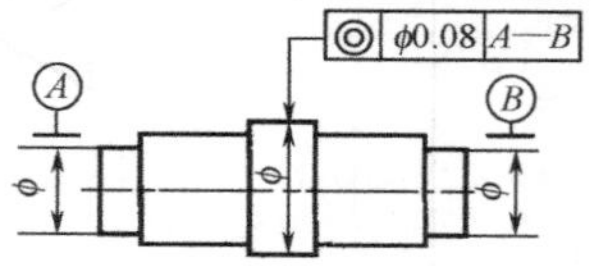
</td></tr>
<tr><td>对称度</td><td>中心平面的对称度</td><td>公差带是距离为公差值 t，且相对基准的中心平面对称配置的两平行平面之间的区域
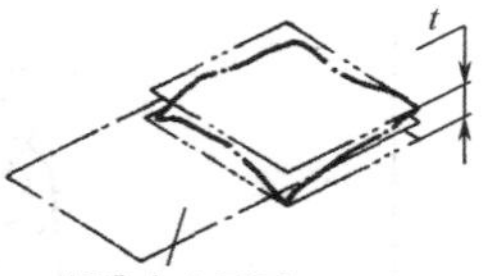
</td><td>被测中心平面必须位于距离为公差值 0.08mm，且相对基准中心平面 A 对称配置的两平行平面之间
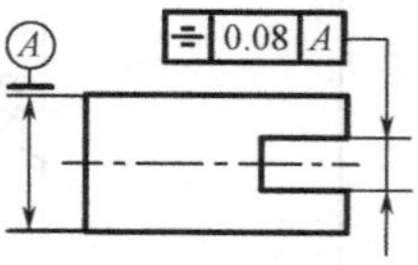
</td></tr>
<tr><td>位置度</td><td>点的位置度</td><td>如公差值前加注 Sφ，公差带是直径为公差值 t 的球内的区域，球公差带的中心点的位置由相对于基准 A 和 B 的理论正确尺寸确定
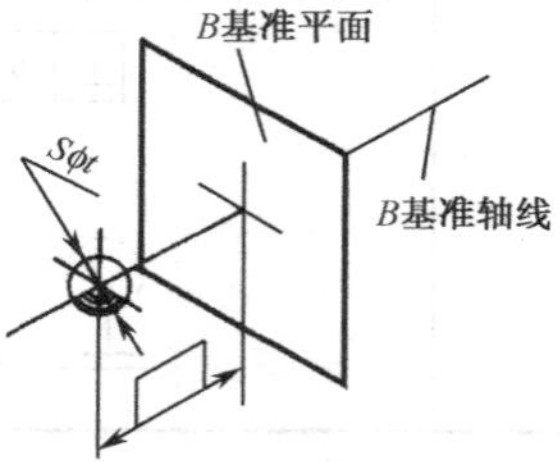
</td><td>被测球的球心必须位于直径为公差值 0.08mm 的球内，该球的球心位于相对基准 A 和 B 所确定的理想位置上
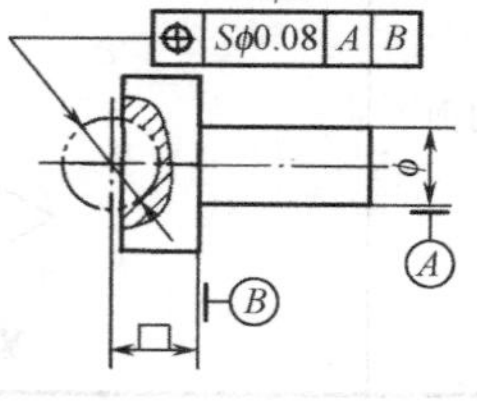
</td></tr>
</table>

续表

特征		公差带定义	标注和解释
位置度	线的位置度	如在公差值前加注ϕ，则公差带是直径为 t 的圆柱面内的区域，公差带的轴线的位置由相对于三基面体系的理论正确尺寸确定 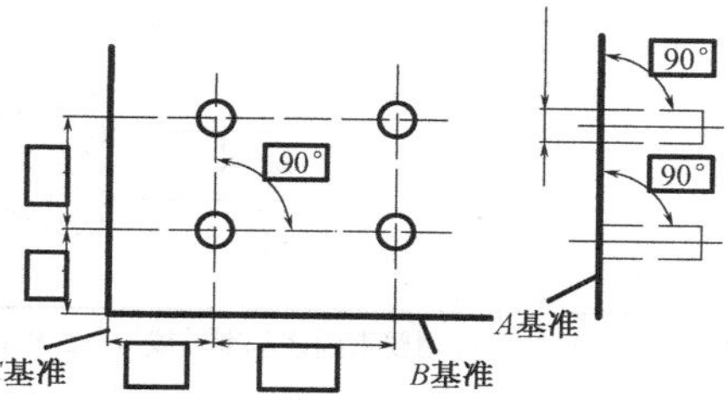	每个被测轴线必须位于直径为公差值 0.1mm，且以相对于 A、B、C 基准表面（基准平面）所确定的理想位置为轴线的圆柱内 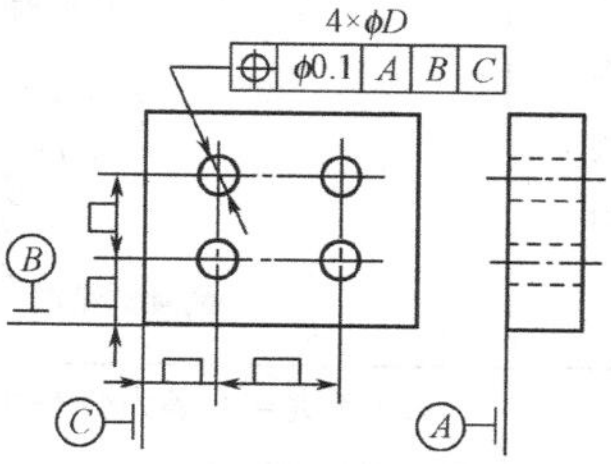 每个被测轴线必须位于直径为公差值 0.1mm，且以理想位置为轴线的圆柱内 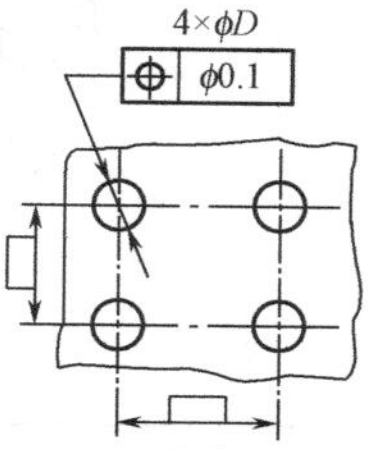

3. 跳动公差

跳动公差是关联实际要素绕基准轴线回转一周或连续回转时所允许的最大跳动公差。跳动公差与其他形位公差比较有以下特点：跳动公差带相对于基准轴线有确定的位置；是以检测方式定出的公差项目，具有综合控制形状误差和位置误差的功能。跳动公差分为圆跳动和全跳动，见表 3.8。

表 3.8　跳动公差带定义、标注和解释

特　征		公差带定义	标注和解释
圆跳动	径向圆跳动	公差带是在垂直于基准轴线的任一测量平面内，半径差为公差值 t，且圆心在基准轴线上的两个同心圆之间的区域 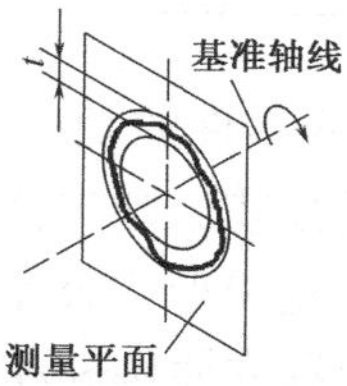	当被测要素围绕基准线 A（基准轴线）作无轴向移动旋转一周时，在任一测量平面内的径向圆跳动量均不大于 0.05mm 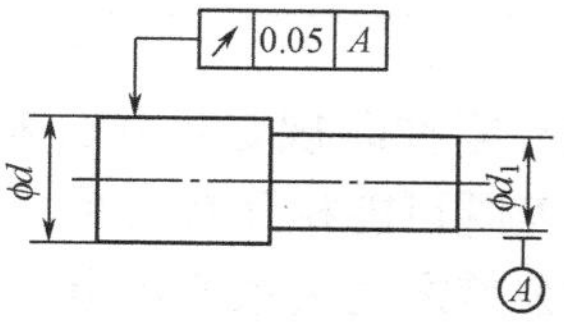
	端面圆跳动	公差带是在与基准同轴的任一半径位置的测量圆柱面上距离为 t 的圆柱面区域 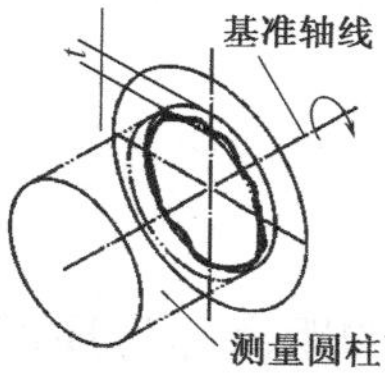	被测面绕基准线 A（基准轴线）作无轴向移动旋转一周时，在任一测量圆柱面内的轴向跳动量均不得大于 0.06mm 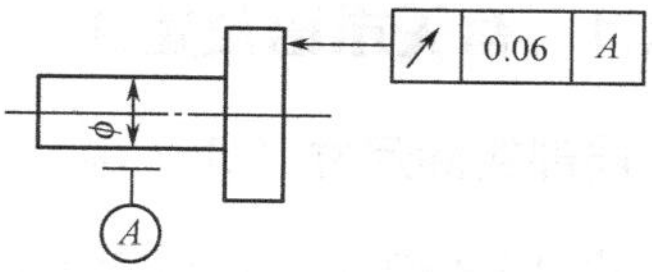

续表

特征		公差带定义	标注和解释
	斜向圆跳动	公差带是在与基准轴线同轴的任一测量圆锥面上距离为 t 的两圆之间的区域，除另有规定，其测量方向应与被测面垂直 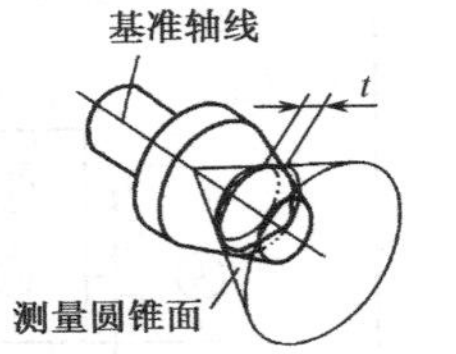	被测面绕基准线 A（基准轴线）作无轴向移动旋转一周时，在任一测量圆锥面上的跳动量均不得大于 0.05mm 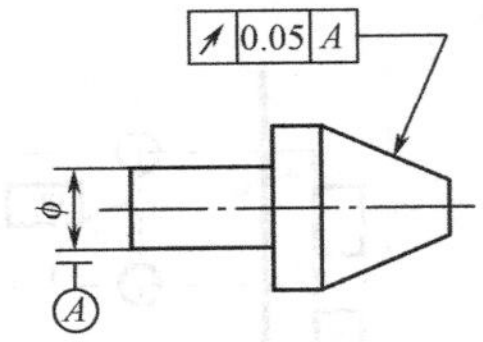
全跳动	径向全跳动	公差带是半径差为公差值 t，且与基准同轴的两圆柱面之间的区域 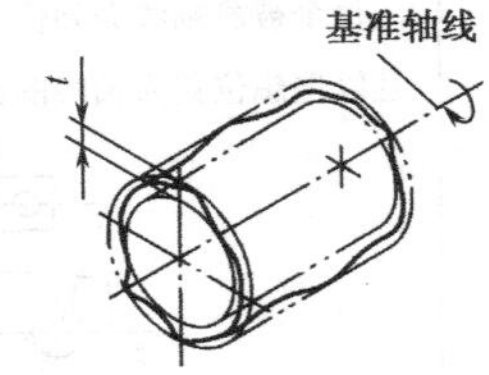	被测要素围绕基准轴线 $A—B$ 作若干次旋转，并在测量仪器与工件间同时作轴向移动，此时在被测要素上各点间的示值差均不得大于 0.2mm，测量仪器或工件必须沿着基准轴线方向并相对于公共基准轴线 $A—B$ 移动 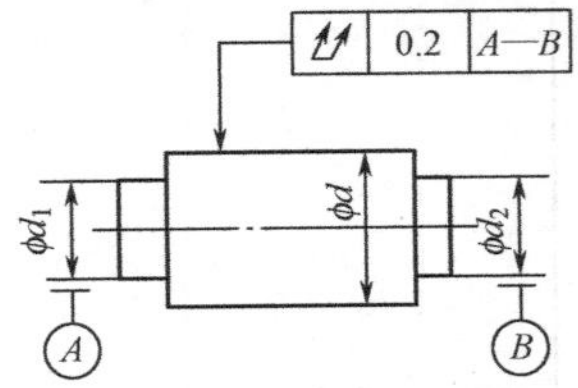
	端面全跳动	公差带是距离为公差值 t，且与基准垂直的两平行平面之间的区域 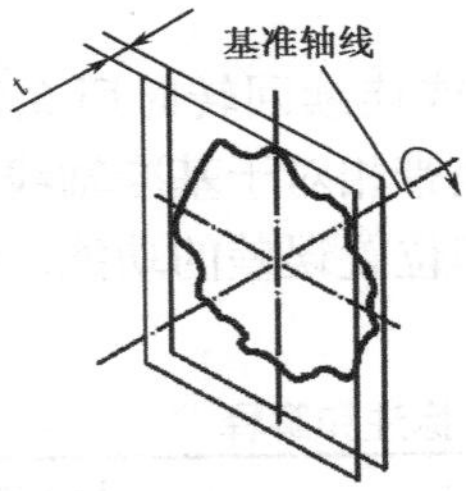	被测要素绕基准轴线 A 作若干次旋转，并在测量仪器与工件间作径向移动。此时，在被测要素上各点间的示值差不得大于 0.05mm，测量仪器或工件必须沿着轮廓具有理想正确形状的线和相对于基准轴线 A 的正确方向移动 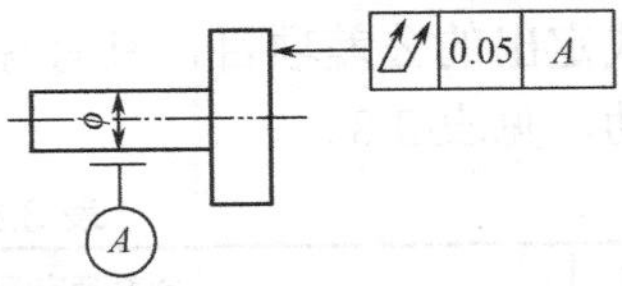

3.4 公差原则与公差要求

对同一零件既规定尺寸公差，又规定形位公差。从零件的功能考虑，给出的尺寸公差与形位公差既可能相互有关系，也可能相互无关系，而公差原则与公差要求就是处理尺寸公差与形位公差之间关系的规定，即图样上标注的尺寸公差和形位公差是如何控制被测要素的尺寸误差和形位误差的。公差原则在大的方面可以分为独立原则和相关要求两大类，相关要求又可以分为包容要求、最大实体要求和最小实体要求，以及可应用于最大实体要求和最小实体要求的可逆要求。

3.4.1 有关术语及定义

1．局部实际尺寸（D_a、d_a）

在实际要素的任意正截面上，两对应点之间测得的距离称为局部实际尺寸，简称实际尺寸。D_a 和 d_a 分别表示内、外表面（孔、轴）的实际尺寸，如图 3.8 所示。

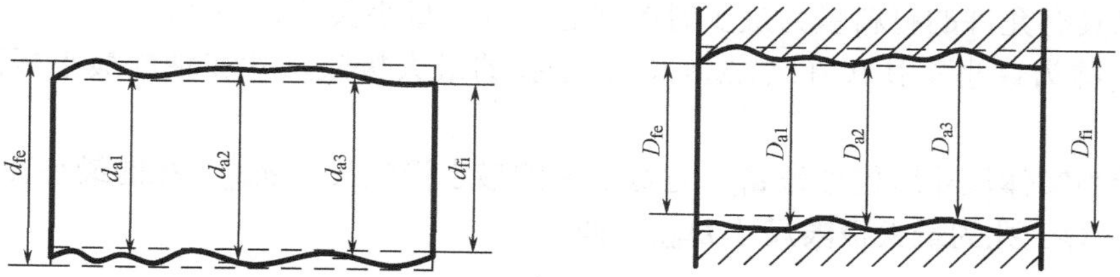

图 3.8　实际尺寸和作用尺寸

2. 体外作用尺寸（D_{fe}、d_{fe}）

在被测要素的给定长度上，与实际内表面（孔）体外相接的最大理想面或与实际外表面（轴）体外相接的最小理想面的直径（或宽度）称为体外作用尺寸。D_{fe} 和 d_{fe} 分别表示内、外表面（孔、轴）的体外作用尺寸，如图 3.8 所示。对于关联要素，该理想面的轴线或中心平面必须与基准要素保持图样给定的几何关系。

体外作用尺寸的特点是表示该尺寸的理想面处于零件的实体之外。因此，轴的体外作用尺寸大于或等于轴的实际尺寸，孔的体外作用尺寸小于或等于孔的实际尺寸。实际中可用以下公式计算：

$$d_{fe}=d_a+t_{\text{形位}}$$

$$D_{fe}=D_a-t_{\text{形位}}$$

3. 体内作用尺寸（D_{fi}、d_{fi}）

在被测要素的给定长度上，与实际内表面（孔）体内相接的最小理想面或与实际外表面（轴）体内相接的最大理想面的直径（或宽度）称为体内作用尺寸。D_{fi} 和 d_{fi} 分别表示内、外表面（孔、轴）的体内作用尺寸，如图 3.8 所示。对于关联要素，该理想面的轴线或中心平面必须与基准要素保持图样给定的几何关系。

体内作用尺寸的特点是表示该尺寸的理想面处于零件的实体之内。因此，轴的体内作用尺寸小于或等于轴的实际尺寸，孔的体内作用尺寸大于或等于孔的实际尺寸。

作用尺寸是由实际尺寸和形位误差综合形成的，体外作用尺寸是对内、外表面的装配功能起作用的尺寸；体内作用尺寸是对零件强度起作用的尺寸。实际中可用以下公式计算：

$$d_{fi}=d_a-t_{\text{形位}}$$

$$D_{fi}=D_a+t_{\text{形位}}$$

4. 最大实体尺寸（MMS）

孔或轴具有允许的材料量为最多时的状态，称为最大实体状态（MMC）。在此状态下的极限尺寸，称为最大实体尺寸（MMS），它是孔的最小极限尺寸和轴的最大极限尺寸的统称。

轴的最大实体尺寸代号为 d_M，它等于轴的最大极限尺寸 d_{max}；孔的最大实体尺寸代号为 D_M，它等于孔的最小极限尺寸 D_{min}，即

$$d_M=d_{max}$$

$$D_M=D_{min}$$

5．最小实体尺寸（LMS）

孔或轴具有允许的材料量为最少时的状态，称为最小实体状态（LMC）。在此状态下的极限尺寸，称为最小实体尺寸（LMS），它是孔的最大极限尺寸和轴的最小极限尺寸的统称。

轴的最小实体尺寸用代号为 d_L，它等于轴的最小极限尺寸 d_{min}；孔的最小实体尺寸用代号为 D_L，它等于孔的最大极限尺寸 D_{max}，即

$$d_L=d_{min}$$
$$D_L=D_{max}$$

6．最大实体实效尺寸（MMVS）

在配合的全长上，孔、轴为最大实体尺寸，且其轴线的形状（单一要素）或位置误差（关联要素）等于给出公差值时的体外作用尺寸称为最大实体实效尺寸（MMVS）。

轴的最大实体实效尺寸代号为 d_{MV}，孔的最大实体实效尺寸代号为 D_{MV}。根据定义，对于某一图样中的某一轴或孔的有关尺寸应该满足

$$d_{MV}=d_M+t_{\text{形位}}$$
$$D_{MV}=D_M-t_{\text{形位}}$$

7．最小实体实效尺寸（LMVS）

在配合的全长上，孔、轴为最小实体尺寸，且其轴线的形状（单一要素）或位置误差（关联要素）等于给出公差值时的体内作用尺寸称为最小实体实效尺寸（LMVS）。

轴的最小实体实效尺寸代号为 d_{LV}，孔的最大实体实效尺寸代号为 D_{LV}。根据定义，对于某一图样中的某一轴或孔的有关尺寸应该满足

$$d_{LV}=d_L-t_{\text{形位}}$$
$$D_{LV}=D_L-t_{\text{形位}}$$

8．边界

由设计给定的具有理想形状的极限包容面（极限圆柱面或两平行平面）称为边界。边界尺寸为极限包容面的直径或宽度。

边界是理论上具有理想形状的一种极限边界，没有任何误差，实际要素不应超越该极限包容面。单一要素的边界没有方位的约束，而关联要素的边界应与基准保持图样上给定的几何关系。外表面（轴）的边界尺寸和内表面（孔）的边界尺寸分别用符号 BSS 和 BSh 表示。

① 最大实体边界（MMB 边界）。当理想边界的尺寸等于最大实体尺寸时，该理想边界称为最大实体边界。

② 最大实体实效边界（MMVB 边界）。当理想边界尺寸等于最大实体实效尺寸时，该理想边界称为最大实体实效边界。

③ 最小实体边界（LMB 边界）。当理想边界的尺寸等于最小实体尺寸时，该理想边界称为最小实体边界。

④ 最小实体实效边界（LMVB 边界）。当理想边界尺寸等于最小实体实效尺寸时，该理想边界称为最小实体实效边界。

单一要素的实效边界没有方向或位置的约束，关联要素的实效边界应与图样上给定的基准保持正确的几何关系。

3.4.2　独立原则

独立原则是指零件要素的形位公差与尺寸公差相互独立并分别满足各自要求的一种公差原则。即尺寸误差由尺寸公差控制，形位误差由形位公差控制，彼此无关，互不联系，尺寸公差与形位公差之间不存在补偿关系。

图 3.9 为独立原则应用示例，标注时，不需要附加任何表示相互关系的符号。该标注表示的局部实际尺寸应在ϕ21.97～ϕ22mm 之间，不管实际尺寸为何值，轴线的直线度误差都不允许大于ϕ0.05mm。

独立原则是形位公差与尺寸公差相互关系的基本原则。

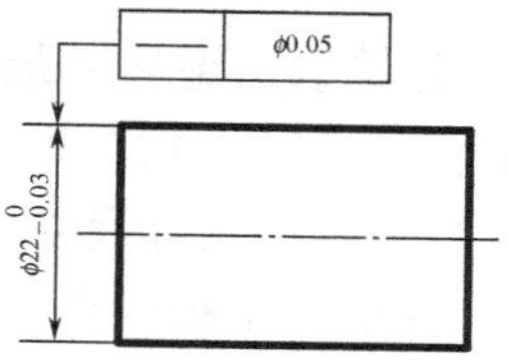

图 3.9　独立原则应用示例

3.4.3　相关要求

相关要求是指图样上给定的尺寸公差与形位公差相互有关的公差要求。

1．包容要求

包容要求是指被测要素的实际轮廓应遵守最大实体边界（MMB）、其局部实际尺寸不得超出最小实体尺寸的一种公差原则。

包容要求适用于单一要素，如圆柱表面或两平行表面。采用包容要求的单一要素应在尺寸极限偏差或公差带代号后面注有符号{。

采用包容要求时被测要素的合格条件如下。

对于外表面（轴）：$d_{fe} \leqslant d_M(d_{max})$且 $d_a \geqslant d_L(d_{min})$。

对于内表面（孔）：$D_{fe} \geqslant D_M(D_{min})$且 $D_a \leqslant D_L(D_{max})$。

单一要素采用包容要求时，被测实际要素在最大实体状态下的形状公差为零。当被测实际要素尺寸偏离最大实体状态($d_a < d_{max}$，$D_a > D_{min}$）时，形状公差获得尺寸公差的补偿，偏离多少就补偿多少。当被测实际要素为最小实体状态时，形状公差获得的补偿量最多，即补偿的形状公差等于尺寸公差，如图 3.10 所示。

图 3.10（a）表示单一要素轴$\phi 22_{-0.03}^{0}$ mm 的实体不得超越边界尺寸为 d_m=ϕ22mm 的最大实体边界（MMB），实际尺寸 d_a 不得小于最小实体尺寸 d_L=ϕ21.97mm。如图 3.10（b）所示，轴在 d_M=ϕ22mm 时的轴线直线度公差 t=0。在 $d_a < d_M$（ϕ22mm）且 $d_a \geqslant d_L$（ϕ21.97mm）时，轴线直线度公差获得补偿，补偿量为最大实体尺寸与实际尺寸之差。当实际尺寸处于最小实体尺寸（d_L=ϕ21.97mm）时，直线度获得补偿最多，最大补偿值为尺寸公差值 T_s=ϕ0.03mm。图 3.10（c）为表示轴的实际尺寸和轴线直线度公差变化关系的动态公

差图。

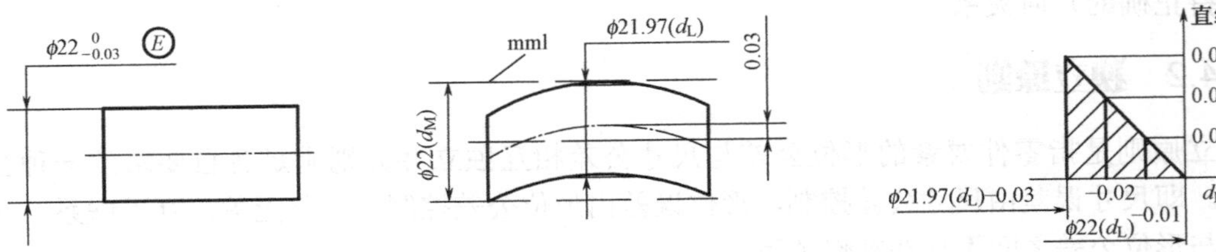

（a）图样标注　（b）轴处于最大实体边界、最小实体状态　（c）动态公差图

图 3.10　包容要求应用示例

2. 最大实体要求

最大实体要求是指被测要素的实际轮廓应遵守其最大实体实效边界（MMVB）的一种公差原则。即当实际尺寸偏离最大实体尺寸时，允许其形位误差值超出其给定的公差值，而要素的局部实际尺寸应在最大实体尺寸与最小实体尺寸之间。

最大实体要求适用于中心要素，既适用于被测要素，又适用于基准要素。在被测要素形位公差框格中的公差值后面标注符号Ⓜ。

采用最大实体要求时，被测要素的合格条件如下。

对于外表面（轴）：$d_{fe}\leqslant d_{MV}$ 且 $d_L(d_{min})\leqslant d_a\leqslant d_M(d_{max})$。

对于内表面（孔）：$D_{fe}\geqslant D_{MV}$ 且 $D_M(D_{min})\leqslant D_a\leqslant D_L(D_{max})$。

最大实体要求应用于被测要素时，图样上标注的形位公差值是被测要素处于最大实体状态时给定的公差值。当被测要素的实际尺寸偏离其最大实体尺寸（$d_a<d_{max}$，$D_a>D_{min}$）时，允许形位误差值大于图样上标注的形位公差值，即允许形位公差获得尺寸公差的补偿，偏离多少就补偿多少。当被测实际要素为最小实体状态时，形位公差获得的补偿量最多，即形位公差最大补偿值等于尺寸公差，如图 3.11 所示。

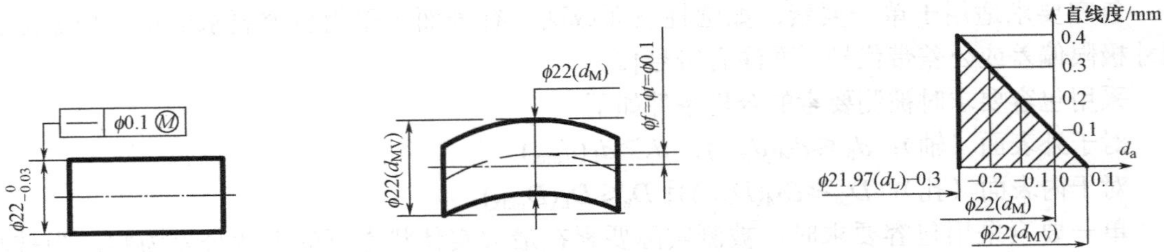

（a）图样标注　（b）轴处于最大实体状态　（c）动态公差图

图 3.11　最大实体要求应用于被测要素

图 3.11（a）表示单一要素轴 $\phi22_{-0.03}^{\ 0}$ mm 的轴线直线度公差与尺寸公差的关系采用最大实体要求。当该轴处于最大实体状态（$d_M=\phi22$mm）时，其轴线直线度公差值 $t=\phi0.1$mm。如图 3.11（b）所示，在 $d_a<d_M$（$\phi22$mm）且 $d_a\geqslant d_L$（$\phi21.97$mm）时，轴线直线度公差获得补偿，补偿量为最大实体尺寸与实际尺寸之差。当该轴处于最小实体状态（$d_L=\phi21.97$mm）时，直线度获得补偿最多，最大补偿值为尺寸公差值 $T_S=\phi0.3$mm，其轴线直线度最大公差值为给定直线度公差 t 与尺寸公差值 T_s 之和，即 $t_{max}=\phi$（0.1+0.3）$=\phi0.4$mm。图 3.11（c）

为其动态公差图。

3．最大实体要求的零形位公差

关联要素遵守最大实体边界时，可以应用最大实体要求的零形位公差。关联要素采用最大实体要求的零形位公差标注时，要求其实际轮廓处不得超越最大实体边界，且该边界应与基准保持图样上给定的几何关系，要素实际轮廓的局部实际尺寸不得超越最小实体尺寸，如图 3.12 所示。

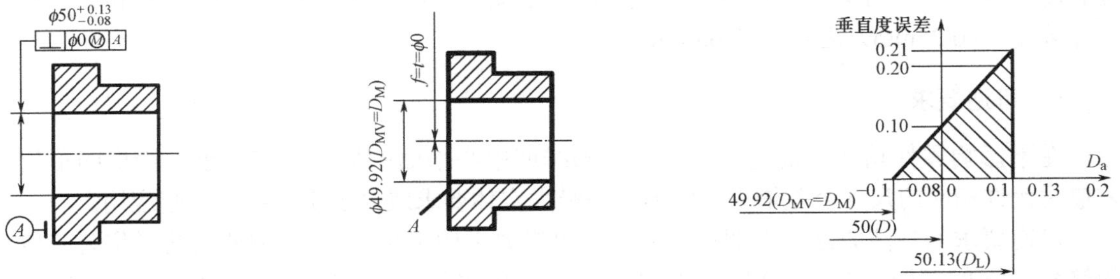

（a）图样标注　　（b）孔处于最大实体状态　　（c）动态公差图

图 3.12　最大实体要求零形位公差标注

4．最小实体要求

最小实体要求是指被测要素的实际轮廓应遵守其最小实体实效边界（LMVB）的一种公差原则。即当实际尺寸偏离最小实体尺寸时，允许其形位误差值超出其给定的公差值。

最小实体要求适用于中心要素。既适用于被测要素，又适用于基准要素。

最小实体要求应用于被测要素时，应在被测要素形位公差框格中的公差值后面标注符号Ⓛ，如图 3.13（a）所示。

采用最小实体要求时被测要素的合格条件如下。

对于外表面（轴）：$d_{fi} \leqslant d_{LV}$ 且 $d_L(d_{min}) \leqslant d_a \leqslant d_M(d_{max})$。

对于内表面（孔）：$D_{fi} \geqslant D_{LV}$ 且 $D_M(D_{min}) \leqslant D_a \leqslant D_L(D_{max})$。

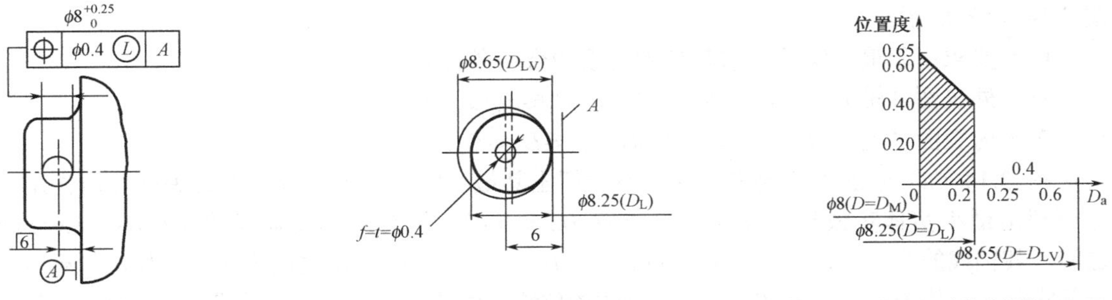

（a）图样标注　　（b）孔处于最小实体状态　　（c）动态公差图

图 3.13　最大实体要求零形位公差标注

最小实体要求应用于被测要素时，图样上标注的形位公差值是被测要素处于最小实体状态时给定的公差值。当被测要素的实际尺寸偏离其最小实体尺寸（$d_a > d_{min}$，$D_a < D_{max}$）

时，允许形位误差值大于图样上标注的形位公差值，即允许形位公差值获得尺寸公差的补偿，偏离多少就补偿多少。当被测实际要素为最大实体状态时，形位公差获得的补偿量最多，即形位公差最大补偿值等于尺寸公差。

图 3.13（a）所示零件孔实际尺寸在ϕ8～8.25mm 之间。

① 当孔径为ϕ8.25mm（D_L）时，允许的位置度误差为ϕ0.4mm，最小实体实效边界是$D_{LV}=D_L+t=\phi 8.25+\phi 0.4=\phi 8.65$mm 的理想圆。

② 当实际孔径偏离 D_L 时，孔的实际轮廓与控制边界之间会产生一间隙量，从而允许位置度公差增大。当实际孔径为ϕ8mm 时，等于图样中给出的位置度公差（ϕ0.4mm）与孔尺寸公差（ϕ0.25mm）之和（ϕ0.65mm）。

5．可逆要求

在不影响零件功能的前提下，当被测轴线或中心平面的形位误差值小于给出的形位公差值时允许相应的尺寸公差增大。它通常与最大实体要求或最小实体要求一起应用。

可逆要求的标注方法是在图样上将表示可逆要求的符号}置于被测要素的形位公差值后的符号μ或χ的后面。此时被测要素应遵守最大实体实效边界（MMVB）或最小实体实效边界（LMVB）。

框格内加注μ}表示：被测要素的实际尺寸可在 LMS 和 MMVS 之间变动。

框格内加注λ}表示：被测要素的实际尺寸可在 MMS 和 LMVS 之间变动。

当可逆要求用于最大实体要求或最小实体要求时并不改变它们原有的含义（MMVC 或 LMVC 的极限边界），但在形位误差值小于图样给出的形位公差值时允许尺寸公差增大，这样可为根据零件功能分配尺寸公差和形位公差提供方便。

6．可逆要求用于最小实体要求

可逆要求用于最小实体要求，表示在被测要素的实际轮廓不超出其最小实体实效边界的条件下，允许被测要素的尺寸公差补偿其形位公差，同时也允许被测要素的形位公差补偿其尺寸公差；当被测要素的形位误差值小于图样上标注的形位公差值或等于零时，允许被测要素的实际尺寸超出其最小实体尺寸，甚至可以等于其最小实体实效尺寸。可逆要求用于最小实体要求时，应在被测要素形位公差框格中的公差值后面标注双重符号Ⓛ®，如图 3.14（a）所示。

可逆要求用于最小实体要求时被测要素的合格条件如下。

对于外表面（轴）：$d_{fi} \geqslant d_{LV}$ 且 $d_L(d_{min}) \leqslant d_a \leqslant d_M(d_{max})$。

对于内表面（孔）：$D_{fi} \leqslant D_{LV}$ 且 $D_M(D_{min}) \leqslant D_a \leqslant D_{LV}$。

图 3.14（a）中的被测要素（孔）不得超出其最小实体实效边界，即其关联体内作用尺寸不超出最小实体实效尺寸ϕ8.65 mm（=8+0.25+0.4）。所有局部实际尺寸应在ϕ8～8.65mm 之间，其轴线的位置度误差可根据其局部实际尺寸在 0～0.65mm 之间变化。例如，如果所有局部实际尺寸均为ϕ8.25 mm(D_L)，则其轴线的位置度误差可为ϕ0.4mm，如图 3.14（b）所示；如果所有局部实际尺寸均为ϕ8 mm(D_M)，则轴线的位置度误差可为ϕ0.65 mm，如图 3.14（c）所示。如果轴线的位置度误差为零，则局部实际尺寸可为ϕ8.65mm（D_{LV}），如图 3.14（d）所示。图 3.14（e）给出了表达上述关系的动态公差图。

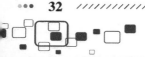

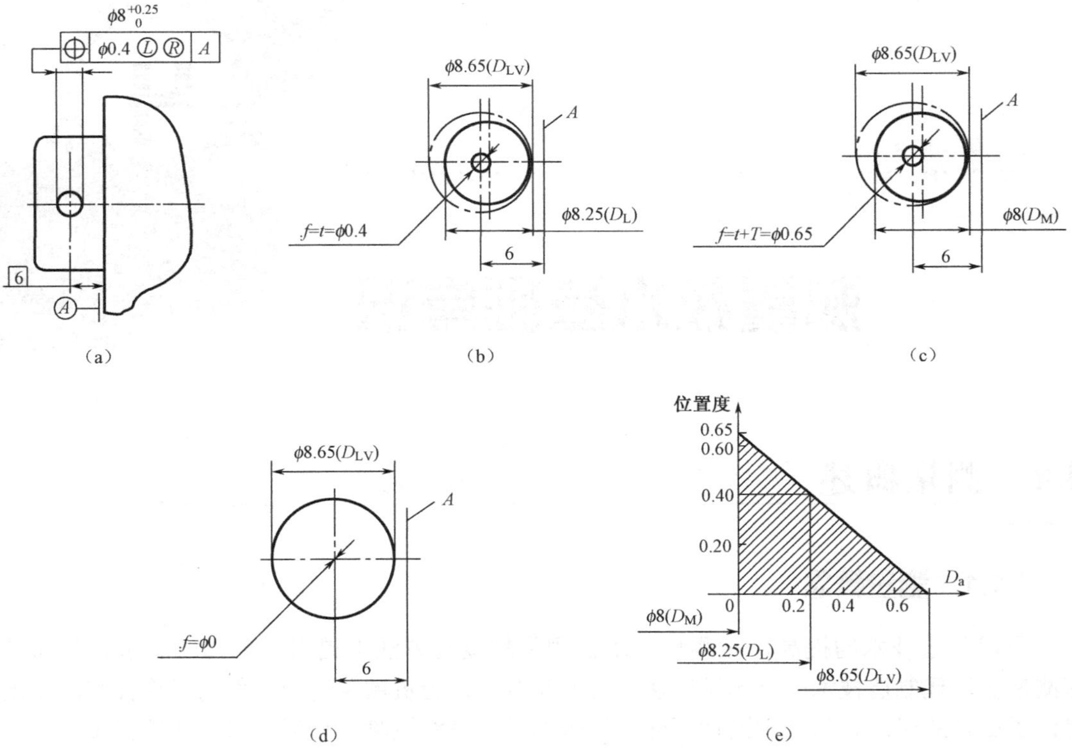

图 3.14　可逆要求应用于最小实体要求

习题 3

1. 形状和位置公差各规定了哪些项目？它们的符号是什么？
2. 形位公差的公差带有哪几种主要形式？形位公差带由什么组成？
3. 基准的形式通常有几种？

第4章

测量技术基础常识

4.1 测量概述

4.1.1 测量概念

现代制造技术的提高，对测量技术在测量精度与方法上提出了更高的要求，从而使精密测量在现代制造技术中得到了迅速的发展和普及，为机械制造中工件的互换性和产品质量提供了更好的保证。与常规测量一样，精密测量也是将被测量与标准量（或单位量）进行比较，并确定其比值的过程。这一测量过程包括被测对象、计量单位、测量方法和测量误差 4 个要素。其测量的内容包括长度、角度、几何形状、表面相互位置及表面粗糙度等参数。一般以μm 作为测量单位。

4.1.2 测量方法分类

测量方法是指完成测量任务所用的方法、量具或仪器，以及测量条件的总和。当没有现成的量具或仪器时，需要自行拟订测量方法，这就需要根据被测对象和被测量的特点（形体大小、精度要求等）确定标准量，拟订测量方案、工件的定位、读数和瞄准方式及测量条件（如温度和环境要求等）。

测量方法可以根据被测量类别的不同、测量条件和实验数据处理方法的不同进行分类。

（1）单项测量和综合测量

单项测量是单独测量工件的各个几何参数，综合测量是测量工件几个相关参数的综合效应或综合参数。

（2）绝对测量和相对测量

绝对测量是指量值直接表示被测参数的测量方法。相对测量是指量值仅表示被测参数相对标准量偏差的测量方法。

（3）接触测量和不接触测量

接触测量是指被测表面与测量工具的测头有机械接触并有机械作用力的测量方法。按接触形式可分为点接触、线接触和面接触。不接触测量是指被测表面与测量工具的测头不直接接触的测量方法。

（4）直接测量和间接测量

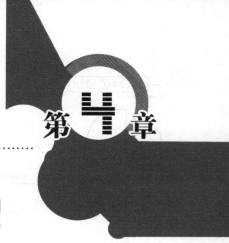

直接测量是将被测参数与已知参数直接比较，从而得出所需的测量结果，是常用的测

量方法。间接测量的测量结果是通过测量与被测参数有一定函数关系的其他参数，经过计算后才得到的。

（5）主动测量和被动测量

主动测量也称在线测量，是把加工过程中测量所得信息直接用于控制加工过程以得到合格工件的测量。被动测量也称线外测量，是测量结果不直接用于控制加工精度的测量。

4.1.3 测量仪器分类与简介

测量仪器又称计量器具，是一种单独或与其他设备一起使用进行测量工作的器具或设备。它可将被测量转换成可直接观察的示值或等效信息。测量仪器在质量检验工作中具有相当重要的作用，全国量值的统一首先反映在测量仪器的准确和一致上，所以测量仪器是确保全国量值统一的重要手段，是计量部门加强监督管理的主要对象，也是质量检验部门提供计量保证的技术基础。

测量仪器可以按仪器输出方式进行分类，也可以按测量仪器的结构原理进行分类。

1. 按测量仪器输出方式分类

- 显示式测量仪器：也称指示式测量仪器，是指显示量值的测量仪器。
- 记录式测量仪器：是指提供示值记录的测量仪器。
- 累计式测量仪器：是指通过对来自一个或多个测源同时或依次得到的被测量的部分值求和，以确定被测量值的测量仪器。
- 积分式测量仪器：是指通过一个量对另一个量积分，以确定被测量值的测量仪器。
- 模拟式测量仪器（即模拟式指示仪器）：是指其输出或显示为被测量或输入信号为连续函数的测量仪器。
- 数字式测量仪器（即数字式指示仪器）：是指提供数字化输出的测量仪器。

2. 按测量仪器的结构原理进行分类

- 机械式量仪：用机械方法实现计量原始信号放大和转换的测量仪器称为机械式量仪。
- 光学量仪：以光学方法为主，将计量原始信号转换和放大的测量仪器称为光学量仪。
- 电动量仪：将计量原始信号变化转换成电信号变化的测量仪器称为电动量仪。
- 气动量仪：气动量仪是以压缩空气为介质，把被测量的变化转换成空气压力或流量的变化，然后用各种形式的压力计或流量计进行指示的测量仪器。因此，气动量仪分压力计式和流量计式两种。通常压力计式气动量仪为高压式，而流量计式气动量仪为低压式。

4.1.4 常用名词、术语及定义

1. 测量单位和标准量

几何量测量中常用的长度单位有米（m）、毫米（mm）、微米（μm），角度单位为度（°）、分（′）、秒（″）。

在测量过程中，测量单位必须以物质形式来体现，是指为定量表示同种量的大小而约定采用的特定量。测量单位的量值是以约定或法定形式规定的，具有规定的名称和符号，用

来定量地表示同种量的大小。能体现测量单位和标准量的物质形式有光波波长、精密量块、线纹尺、各种圆分度盘等。

2．测量仪器及其技术性能指标

（1）分度值与分度间距

分度值——测量仪器的标尺上相邻两刻线所代表的量值之差。一般来说，分度值越小，测量仪器的精度越高。

分度间距——标尺或圆刻度盘上相邻两刻线中心的距离或圆弧长度。一般量仪的分度间距为1～2.5mm。

（2）示值范围与测量范围

示值范围——由测量仪器所显示或指示的最低值到最高值的范围。表示示值范围时，应标示最低值（起始值）和最高值（终止值）。

测量范围——使测量仪器误差处于规定极限内的一组被测量值。测量范围也可称为工作范围，指测量仪器的误差处于规定的极限范围内的这一被测量值的范围，在这一规定的测量范围内使用，其示值误差应处在允许误差限内，超出测量范围使用，则示值误差将超出允许误差限。

（3）灵敏度与鉴别力阈

灵敏度——测量仪器的响应变化Δy与相应激励变化Δx之商。

$$S=\frac{\Delta y}{\Delta x}$$

在分子、分母是同一类物理量的情况下，灵敏度也称放大比。带有等分刻度标尺的线性量仪，其灵敏度为常数。它等于分度间距与分度值之比。

鉴别力阈——使测量仪器的响应产生可感知的变化的最小激励变化，也可以说是量仪对被测量值微小变化的不敏感程度，故习惯上也称其为灵敏阈或灵敏限。鉴别力阈与诸如内部或外部的噪声、摩擦、阻尼、惯性等因素有关。

（4）滞后与滞后误差

滞后——测量仪器对给定激励的响应与先前激励顺序有关的一种特性。

滞后误差——当激励恒定时，在相同条件下，测量仪器沿正、反行程在同一点上响应的变化量，习惯上也称为回程误差。

（5）稳定性与漂移

稳定性——测量仪器保持其测量特性恒定的能力。通常稳定性是相对时间而言的。

漂移——测量仪器的测量特性随时间的缓慢变化。例如，线性测量仪器静态响应特性（$y=kx$）的漂移，表现为零点和斜率随时间的缓慢变化，前者称为仪器的零漂，后者称为仪器的灵敏度漂移，如图4.1所示。

（6）准确度与示值误差

准确度——测量仪器给出接近于被测量真值的示值的能力。

示值误差——测量仪器的示值与被测量的（约定）真值之差。示值误差是测量仪器本身各种误差的综合反映。

（7）测量力

测量力——在测量过程中，量具或量仪触端作用在被测零件表面接触处的力叫做测量力。测量力将引起被测零件和测量装置的弹性变形，从而影响测量精度。

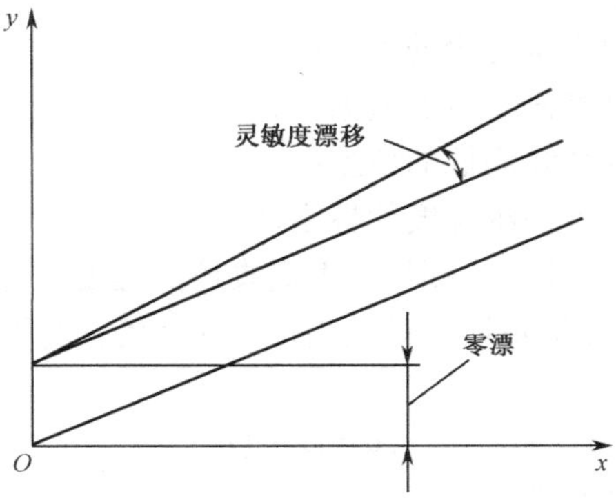

图 4.1　漂移

（8）视差

视差——检测者眼睛相对于指针或刻线变动位置时，其读数也随之不同。视觉读数与正确读数之差叫做视差。

（9）校正值

校正值——指大小与误差相等，但符号相反的值。

（10）安全裕度

安全裕度——因任何测量结果都存在误差，故国家标准要求在判断产品合格与否时将轴或孔的公差带两头均内缩一个尺寸，这个尺寸就是“安全裕度”，如图 4.2 所示。图中 A 为安全裕度。国家标准规定安全裕度 A 为公差带宽度 T 的 1/10。

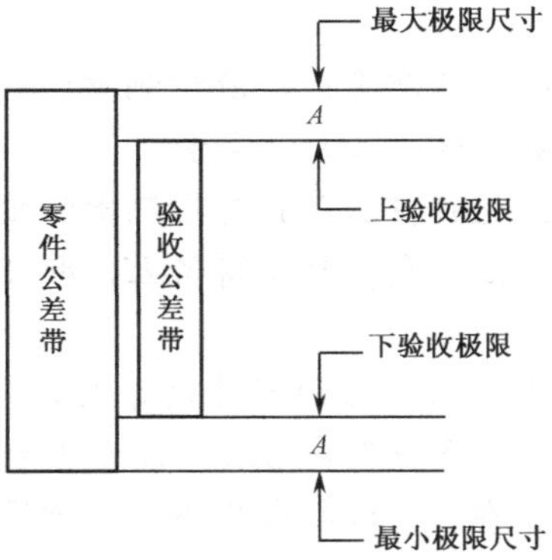

图 4.2　安全裕度

3. 测量误差

（1）测量误差的概念

任何测量过程，由于受到计量器具和测量条件的影响，不可避免地会产生测量误差。所谓测量误差δ，是指测得值 x 与真值 Q 之差。

$$\delta = x - Q$$

式中，δ——测量误差；

x——测得值；

Q——真值。

δ值大，误差大；δ值小，误差小。

- 误差是评定测量结果准确与否的重要标准；
- 误差是评定测量方法准确与否的依据；
- 误差是评定仪器设计质量高低的依据；
- 误差是评定检测者技术熟练程度的标志之一。

上式所表达的测量误差，反映了测得值偏离真值的程度，也称绝对误差。由于测得值 x 可能大于或小于真值 Q，因此测量误差可能是正值或负值。若不计其符号正负，则可用绝对值表示：

$$|\delta|=|x-Q|$$

这样，真值 Q 可用下式表示：

$$Q=x\pm\delta$$

为了比较不同尺寸的测量精度，可应用相对误差的概念。

相对误差ε，是指绝对误差的绝对值$|\delta|$与被测量真值 Q 之比，即

$$\varepsilon=\frac{|\delta|}{Q}\approx\frac{|\delta|}{x}\times 100\%$$

相对误差是一个无量纲的数值，通常用百分数（%）表示。

（2）误差的分类

误差按性质可分为系统误差、随机误差和粗大误差（过失误差）3 种。

① 系统误差。系统误差是指在一定测量条件下，多次测量同一量时，误差的大小和符号均不变或按一定规律变化的误差。系统误差的消除方法如下。

MEANS 方法

- 从产生误差的根源上消除：在测量前，应对测量过程中可能产生系统误差的环节作仔细分析，将误差从产生的根源上加以消除。
- 用加修正值的方法消除：这种方法是预先检测出测量仪器的系统误差，将其数值反号后作为修正值，用代数法加到实际测得值上，即可得到不包含该系统误差的测量结果。
- 用两次读数方法消除：若两次测量所产生的系统误差大小相等（或相近）、符号相反，则取两次测量的平均值作为测量结果，就可消除系统误差。

② 随机误差。随机误差是指在一定测量条件下，多次测量同一量值时，其数值大小和符号以不可预定的方式变化的误差。它是由于测量中的不稳定因素综合形成的，是不可避免的。而精密测量要求随机误差越小越好。

③ 粗大误差。粗大误差是指由于测量者主观疏忽大意或客观条件发生突然变化而产生的误差。在正常情况下，一般不会产生这类误差。

4. 评定测量精度的两个综合性指标

在测量过程中不可避免地总会存在或大或小的测量误差，使测量结果的可靠程度受到一定的影响。测量误差大，则测量结果的可靠性就低；测量误差小，则测量结果的可靠性就高。因此，不知道测量精度的测量结果是没有意义的。为此，对每一个测量结果，特别是精密测量结果，都应给出一定的测量精度。

（1）量仪的不确定度

量仪的不确定度表示指示式测量仪器内在误差影响测得值分散程度的一个误差范围。测量仪器的内在误差包括示值误差、示值变动性、回程误差、灵敏限，以及由于结构原理、工艺、装调等引起的误差。

（2）测量方法（或过程）的不确定度

测量方法的不确定度表示测量过程中，各项误差影响测得值分散程度的一个误差范围。它包括测量仪器的不确定度、基准件误差，以及测量条件的误差，如温度、振动、读数、瞄准等。

4.2 测量技术基础常识

4.2.1 测量方法的选择

在测量中为了提高测量结果的准确度，必须正确选择测量方法。

1．阿贝原则

在测量时，测量装置需要移动，而移动方向的正确性通常由导轨来保证。由于导轨有制造和安装等误差，因此使测量装置在移动过程中产生方向偏差。为了减小这种方向偏差对测量结果的影响，1890 年德国人艾恩斯特•阿贝提出了以下指导性的原则：“将被测物与标准量尺沿测量轴线成直线排列”。这就是阿贝原则，即被测尺寸与作为标准的尺寸应在同一条直线上，按串联的形式排列，只有这样，才能得到精确的测量结果。

2．比较原则

比较原则是将被测量件与标准长度进行比较，得到测量结果。

3．圆周封闭原则

在圆周分度器件（如刻度盘、圆柱齿轮等）的测量中，利用在同一圆周上所有分度夹角之和等于 360°，也即所有夹角误差之和等于零的这一自然封闭特性。在没有更高精度的圆周分度基准器件的情况下，采用“自检法”也能达到高精度测量的目的。

4．选择合适的测量力

测量力是指测量时工件表面承受的测量压力。由于各种材料受力后都会产生变形，这种变形量看起来不大，但在精密测量中，尤其对小尺寸零件就必须予以考虑。在检验标准中，规定了测量过程中应视测量力为零。如果测量力不为零，则应考虑由此而引起的误差，必要时应予以修正。

4.2.2 测量仪器的选择

正确地选择合适的测量仪器既是测量中的重要环节，又是一个综合性的问题，要具体情况具体分析。应根据零件的特点，选择最合适的测量方法，既能保证测量准确度又能满足经济上的合理性，即考虑选用测量仪器的效率和成本。

选用测量仪器的原则如下。

① 保证测量准确度。选用测量仪器的主要依据是被测零件的公差等级，即测量仪器的性能指标（示值误差、示值变动性和回程误差）能否符合作为检测零件的公差等级的要求。

② 经济上的合理性。在保证测量准确度的前提下，应选用比较经济、测量效率较高的测量仪器。按被测零件的加工方法、批量和数量选择测量仪器。

③ 根据被测零件的结构、特性，如零件的大小、形状、质量、材料、刚性和表面粗糙度等选用测量仪器。按零件的大小确定所选用的仪器测量范围。零件材料的软硬、形状不同，其测量方法也就不同，测量的难度同样相差很大。

④ 按被测零件所处的状态和所处的条件选择测量仪器。

4.2.3 测量基准面和定位形式的选择

在精密测量中，测量基准面和定位形式的选择具有相当重要的作用，若测量基准面和定位形式选择不当，会直接影响测量精度。

1. 基准统一原则

测量基准面的选择，要尽量遵循基准统一原则，即设计、工艺、装配和测量等基准面必须一致。但有时会出现工艺基准面不能和设计基准面一致的情况，因而测量基准面要根据工艺过程的不同而改变，具体应遵循如下原则。

- 在工序间检验时，测量基准面应与工艺基准面一致。
- 在终结检验时，测量基准面应与装配基准面一致。

同时，在不能遵循基准统一原则时，可以选择相应的基准作为辅助基准。辅助基准面的选择应遵循如下原则。

- 选择较高精度的面（点或线）作为辅助基准，若没有合适的辅助基准面时，应事先加工一辅助基准面作为测量基准面。
- 基准面的定位稳定性要好。
- 在被测参数较多的情况下，应选择精度大致相同、各参数间关系较密切、便于控制各参数的面（点或线）作为辅助基准。

2. 正确选择定位形式

即使正确选择了测量基准面，但如果不能正确选择与其相适应的定位方法，也不能保证测量准确度。在几何量测量中，常用的定位方法有平面、外圆柱面、内圆柱面和中心孔定位等。

4.2.4 测量条件的选择

测量条件是指测量时的外界环境条件。在测量过程中，如果对环境条件的影响不充分考虑，即使用最好的测量设备，最仔细地进行测量，测量的结果也可能是不准确的。影响测量准确度的客观条件有温度、湿度、振动、灰尘等。因此，在进行测量时，必须考虑这些因素的影响。

1．温度

物体都有热胀冷缩的特性，同一尺寸在不同温度条件下的测量值是不同的，因此给出某零件尺寸时，必须说明其温度。零件的尺寸如果没有指明温度条件，那是没有意义的。为了使测量工作能在一个统一的标准温度下进行，在长度测量中，是以 20℃为标准温度的。但在实际中，无论是加工还是测量往往都不是在 20℃温度下进行的，因而会产生一定的测量误差。这种误差可通过物理学公式计算出来，从而可对测量结果进行修正。该公式为：

$$\Delta L = L[a_1(t_1 - 20^\circ) - a_2(t_2 - 20^\circ)]$$

式中，L——工件的被测尺寸，单位为 mm；

ΔL——由于温度和线膨胀系数不同而引起的测量误差，单位为 mm；

a_1——工件材料的线膨胀系数；

a_2——量仪材料的线膨胀系数；

t_1——工件的温度，单位为℃；

t_2——量仪的温度，单位为℃。

此外，为减小温度影响，还要注意在检测前对零件进行“定温”处理。所谓“定温”，是指把零件与量具、量仪置于同一温度环境中，经过一定的时间，使两者温度趋向一致。

2．湿度

湿度是指空气中水分的多少。精密测量时，相对湿度一般规定为 60%～70%。湿度的大小一般可不必考虑，但湿度过高会影响检定结果的准确性。例如，在量块研合性的检定中，由于湿度高，往往会使平面度不合格的量块也能产生研合良好的假象，使本来研合性不合格的量块被误认为合格。湿度过大还会引起光学镜头发霉、半镀层和反射镜镀层脱落，使材料变质。

3．防振

防振是精密测量工作的基本要求之一。所有的光学长度计量仪器的光路系统都是由反光镜、棱镜、透镜等组成的，有些反光镜是以弹簧力作为夹持力的。所以必须考虑振动对仪器结构和仪器示值的影响。振动对于精密测量工作的影响主要表现为示值不稳定，严重时甚至无法进行读数。特别对应用光波干涉原理的高精度仪器和装置，振动的影响尤为明显。

4．防尘

保证精密测量工作顺利进行，空气洁净是极重要的环境条件之一。灰尘对于精密测量危害极大。实践证明，在精度较高的产品生产中，测量和实验中发生反常规现象或严重问题，往往都与环境条件的不洁净密切相关。例如，散落在光学镜头和反光镜上的灰尘会使被测零件或刻线影像不清晰，影响读数；散落在仪器活动部分的灰尘，会使仪器活动受到阻滞，以致影响测量的正确指示，还会加速活动部位的磨损，降低测量器具的精度，缩短其使用寿命。在防尘达不到要求的测量室里，灰尘还会划伤光学镜头、量块和平晶等。带有酸性或碱性的灰尘还会腐蚀测量器具和被测零件。

习题 4

1．什么是测量？测量过程的四要素是什么？

2．测量和检验有何不同？

3．什么是绝对测量和相对测量？举例说明。

4．什么是系统误差？举例说明。

5．什么是粗大误差？如何判断？

6．某测量仪器在示值为 40mm 处的示值误差为±0.004mm。若用该测量仪器测量工件时，读数正好为 40mm，试确定工件的实际尺寸是多少。

第5章

轴套类零件的测量

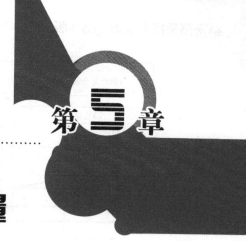

机械制造业中，轴套类零件是一种非常重要的非标准零件。它主要用来支持旋转零件，传递转矩，保证转动零件（如凸轮、齿轮、链轮和带轮等）具有一定的回转精度和互换性。大部分轴套类零件的加工，可以在数控车床上完成。轴套类零件参数的精确度将直接影响装配精度和产品合格率。对轴套类零件的主要技术要求有尺寸精度、几何形状精度、相互位置精度、表面粗糙度，以及其他要求。

下面对轴套类零件测量内容进行具体介绍。

5.1 课题 1：轴径的测量

轴颈是轴与轴上零件接触的面，具有一定的精度和互换性，有较高的技术要求。

5.1.1 学习目的

① 掌握轴径测量的常用方法。
② 了解数字式立式光学计和数显外径千分尺的正确使用方法。
③ 测量轴类零件外径值。
④ 判定测量值是否合格。

5.1.2 量具与测量仪器的选用

① 数字式立式光学计。
② 数显外径千分尺。
③ 偏摆仪。
④ 数显外径千分尺接口。
⑤ 零件盘一只。
⑥ 被测工件（图 5.1）。
⑦ 全棉布数块。
⑧ 油石。
⑨ 汽油或无水酒精。
⑩ 防锈油。

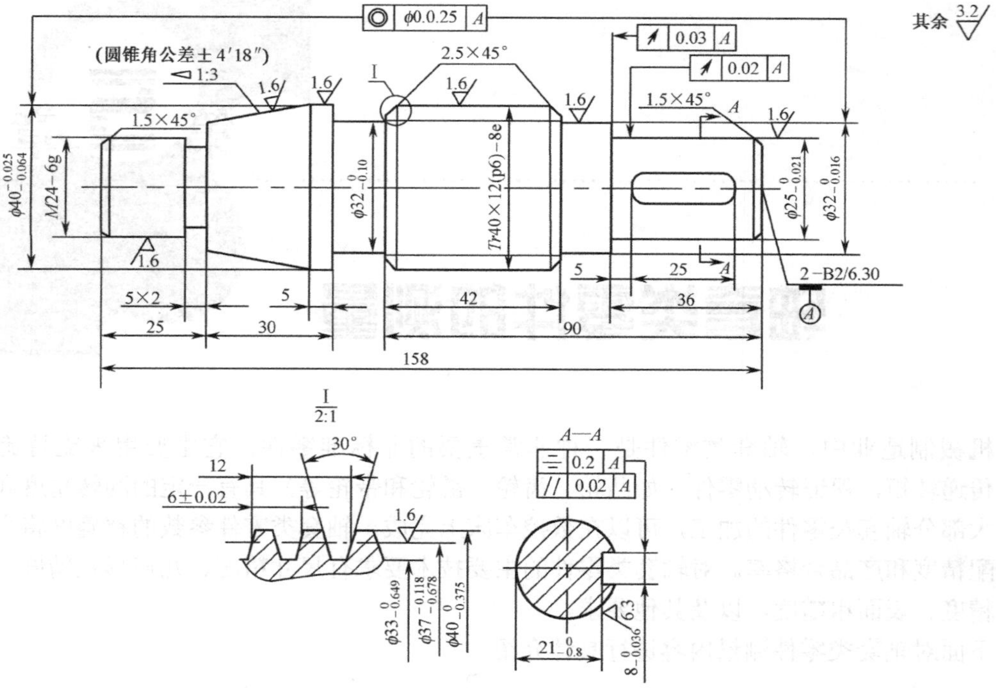

技术要求

1. 内外锥配合用涂色法查接触面积≥65%。
2. 锐边倒钝 0.3×45°。

图 5.1 轴类零件

5.1.3 测量方法与测量步骤

轴径测量方法较多，其方法分类见表 5.1。

表 5.1 轴径测量方法分类

序 号	方 法	所需测量器具	说 明
1	通用量具法	游标卡尺、千分尺、三沟千分尺、杠杆千分尺	准确度中等，操作简便
2	机械式测微法	百分表、千分表、扭簧比较仪、量块组	其中扭簧比较仪较准确
3	光学测微仪法	各种立、卧式光学比较仪，量块组	准确度较高
4	电动量仪法	各种电感或电容测微仪、数显或电子柱卡规、量块组或标准圆柱体	准确度较高，易于与计算机连接
5	气动量仪法	气动量仪、标准圆柱体及喷头	准确度较高，效率高
6	测长仪法	各种立式测长仪、万能测长仪、量块组	准确度较高
7	影像法	大型和万能工具显微镜	准确度一般
8	轴切法	大型和万能工具显微镜、测量刀组件	准确度较高

常用的测量方法有用数字式立式光学计测轴径，用数显式外径千分尺测轴径等，下面分别介绍。

1. 用数字式立式光学计测轴径

（1）量仪介绍

数字式立式光学计是一种可以用于测量长度的仪器，如图 5.2 所示为 LG-1 型立式光学计的外形结构。

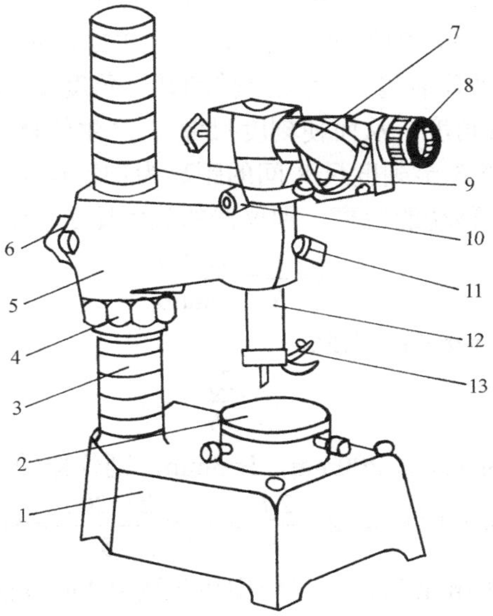

1—底座；2—工作台；3—立柱；4—粗调节螺母；5—支臂；
6—支臂紧固螺钉；7—平面镜；8—目镜；9—零位调节手轮；
10—微调手轮；11—光管紧固螺钉；12—光学计管；13—提升器光源

图 5.2　LG-1 型立式光学计的外形结构

（2）工作原理

立式光学计光学系统图如图 5.3 所示。

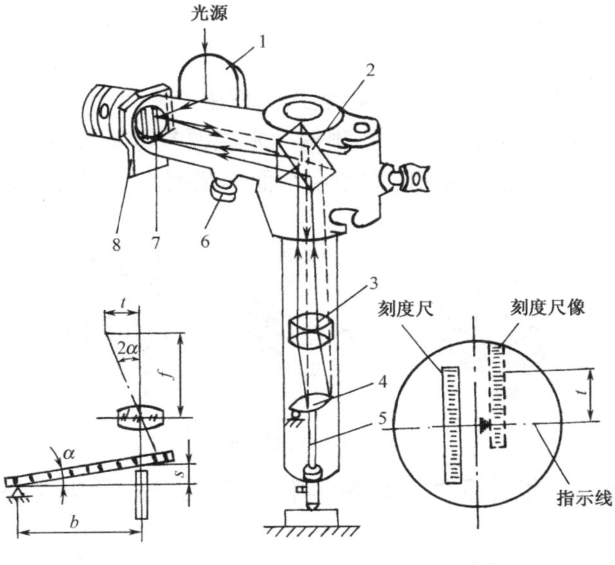

1，4—反射镜；2—直角棱镜；3—物镜；
5—测杆；6— 微调手轮；7—刻度尺像；8—刻度尺

图 5.3　立式光学计光学系统图

立式光学计是利用光学杠杆放大原理进行测量的仪器。如图 5.3（b）所示，照明光线经反射镜 1 照射到刻度尺 8 上，再经直角棱镜 2、物镜 3，照射到反射镜 4 上。由于刻度尺 8 位于物镜 3 的焦平面上，故从刻度尺 8 上发出的光线经物镜 3 后成为平行光束。若反射镜 4 与物镜 3 之间相互平行，则反射光线折回到焦平面，刻度尺像 7 与刻度尺 8 对称。若被测尺寸变动使测杆 5 推动反射镜 4 绕支点转动某一角度α，如图 5.3（a)所示，则反射光线相对于入射光线偏转 2α 角度，从而使刻度尺像 7 产生位移 t，如图 5.3（c）所示，它代表被测尺寸的变动量。物镜 3 至刻度尺 8 间的距离为物镜焦距 f，设 b 为测杆中心至反射镜支点间的距离，S 为测杆 5 移动的距离，则仪器的放大比 K 为：

$$K=\frac{t}{S}=\frac{f\tan 2\alpha}{b\tan\alpha}$$

当α很小时，$\tan 2\alpha\approx 2\alpha$，$\tan\alpha\approx\alpha$。因此，

$$K=\frac{2f}{b}$$

若光学计的目镜放大倍数为 12，f=200mm，b=5mm，则仪器的总放大倍数 n 为

$$n=12K=12\times\frac{2f}{b}=12\times\frac{2\times 200}{5}=960$$

由此说明，当测杆移动 0.001mm 时，在目镜中可见到 0.96mm 的位移量。

- 仪器的测量范围：0～180mm。
- 仪器的分度值：0.001mm。
- 仪器的示值范围：±0.1mm。
- 仪器的不确定度：±0.25μm（按仪器的最大示值误差给出）。
- 测量不确定度：$\pm(0.5+\frac{L}{100})$ μm（按仪器的总测量误差给出）。

（3）操作步骤

STEP 步骤

① 根据被测工件形状，正确选择测帽装入测杆中。测量时被测工件与测帽的接触面必须最小，因此在测量圆柱形时使用刀口形测帽（本课题是测量圆柱形，用刀口形测帽），测量平面时须使用球形测帽，测量球形时则使用平面形测帽。测帽形式如图 5.4 所示。

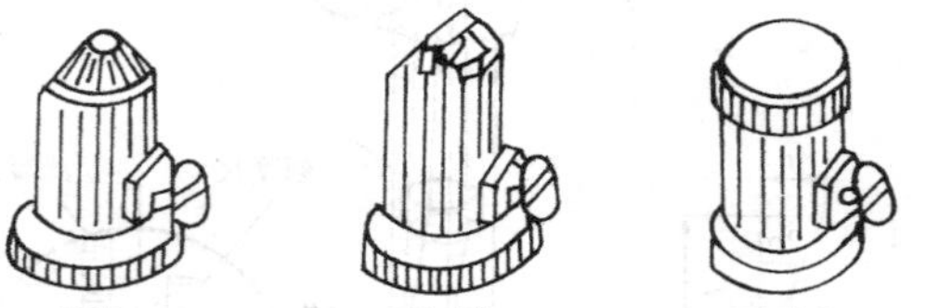

图 5.4　测帽形式

② 按被测的基本尺寸组合量块。本课题测$\phi 25_{-0.021}^{\ 0}$ mm，量块取 25mm。

③ 调整仪器零位。

a. 选好量块组后，将下测量面置于工作台 2（图 5.2）的中央，并使测头对准上测量面中央。

b. 粗调节：松开支臂紧固螺钉 6，转动粗调节螺母 4，使支臂 5 缓慢下降，直到测头与量块上测量面轻微接触，并能看到数显刻度有变化（压表现象），再将支臂紧固螺钉 6 锁紧。

c. 细调节：松开光管紧固螺钉 11，转动微调手轮 10，直至从目镜 8 中看到零位置指示线为止，然后拧紧光管紧固螺钉 11。

d. 将测头抬起，回放零位观察是否稳定。

④ 抬起提升杠杆，取出量块，轻轻地将被测工件放在工作台上，并在测帽下来回移动，其最高转折点即为测得值。

⑤ 在靠近轴的两端和轴的中间部位共取 3 个截面，并在互相垂直的两个方向上共测量 6 次。

⑥ 填写轴径测量与误差分析报告，并按是否超出工件设计公差带所限定的最大与最小极限尺寸，判断其合格性。

（4）注意事项

NOTICE 注意

① 由于接触面间脏物和油层会引起测量不精确，因此要注意对工作台与工件表面的清洁工作。

② 测量过程中测头与被测件接触的测量力不要太大，注意轻放测杆。

③ 多件测量时，应注意要经常用量块复检零位。

2．用数显式外径千分尺测轴径

（1）量仪介绍

如图 5.5 所示为数显式外径千分尺，它由尺架、测砧、测微螺杆、测力装置和锁紧装置等组成。

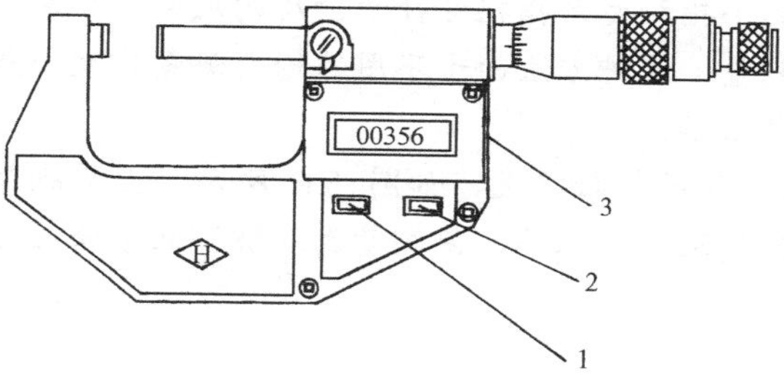

1—公、英制转换按钮；2—置零按钮；3—数据输出端口

图 5.5　数显式外径千分尺

（2）工作原理

数显式外径千分尺的工作原理为：利用一对精密螺纹耦合件，把测微螺杆的旋转运动变成直线位移，该方法是符合阿贝原则的。测微螺杆的螺距一般制成 0.5mm，即测微螺杆旋转一周，沿轴线方向移动 0.5mm。微分筒圆周有 50 个分度，所以微分筒每格刻度值为 0.01mm。

（3）操作步骤

STEP 步骤

① 擦净被测工件表面。

② 调整量具零位。

③ 将被测工件装在偏摆仪上（注意将两顶针孔内的毛刺和脏物清理干净）。

④ 测量并记录数据。

⑤ 测量结束，将量具复位（若不复位，则数据重测）。

⑥ 根据仪器的示值误差，修正测量结果。如果不用数显量具来测量，则还应注意量具的读数视差。

（4）注意事项

NOTICE 注意

① 必须使用棘轮。任何测量都必须在一定的测量力下进行，棘轮是外径千分尺的测力装置，其作用是在外径千分尺的测量面与被测面接触后控制恒定的测量力，以减小测量力变动引起的测量误差。在测量中必须使用棘轮，在它起作用后才能进行读数。因此，在测量中，当外径千分尺的两个测量面快要与被测面接触时，就轻轻地旋转棘轮，待棘轮发出“咔咔”声，说明测量面与被测面接触后产生的力已经达到测量力的要求，这时即可进行读数。

② 注意微分筒的使用。在比较大的范围内调节外径千分尺时，应该转动微分筒而不应该旋转棘轮，这样不仅能提高测量速度，而且能避免棘轮不必要的磨损。只有当测量面与被测面快要接触时才旋转棘轮进行测量。退尺时，应该旋转微分筒，而不应该旋转棘轮或后盖，以防后盖松动而影响零位。旋转微分筒或棘轮时，不得快速旋转，以防测量面与被测面发生猛烈撞击，把测微螺杆撞坏。

③ 注意操作外径千分尺的方法。使用大型外径千分尺时，要由两个人同时操作。测量小型工件时，可以用两只手同时操作外径千分尺，其中一只手握住尺架的隔热装置，另一只手操作微分筒或棘轮。也可以用左手拿工件，右手的无名指和小指夹住尺架，食指和拇指旋动棘轮。也可以用右手的小指和无名指把外径千分尺的尺架压在掌心内，食指和拇指旋转微分筒（不用棘轮）进行测量。这种方法由于不用棘轮，测量力大小是凭食指和拇指的感觉来控制的，所以不容易操作正确。

④ 注意测量面和被测面的接触状况，如图 5.6 所示。当两测量面与被测面接触后，要轻轻地晃动外径千分尺或晃动被测工件，使测量面和被测面紧密接触。测量时，不得只用测量面的边缘。

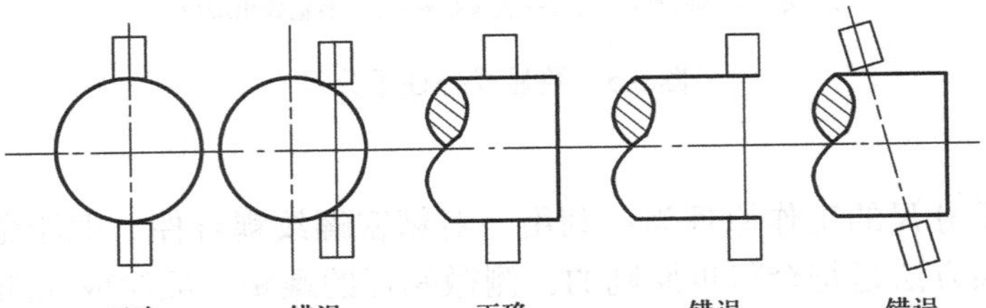

图 5.6　测量面和被测面的接触状况

5.1.4　测量与误差分析报告

测量完毕后，应填写轴径测量与误差分析报告，见表 5.2。

表 5.2　轴径测量与误差分析报告

检 测 报 告

编号：

测量项目：

测量零件简图：

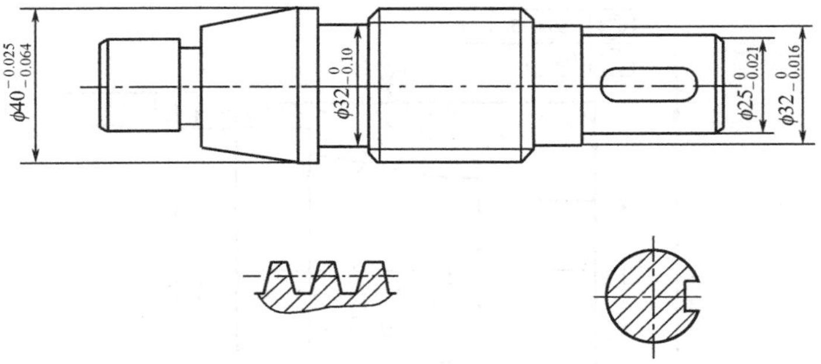

测量工具：____

测量方法及要求：____

检测结果：

测量位置 / 内容							
测量值（1）							
测量值（2）							
合格							
不合格							
加工后仍可用							

分析：____

姓名__________

年　月　日

5.2 课题 2：孔径的测量

内孔是套类零件起支撑或导向作用最主要的表面，它通常与运动着的轴颈或活塞等零件相配合。因此在长度测量中，圆柱形孔径（图 5.7）的检测占很大的比例。根据生产批量、孔径精度和孔径尺寸等的不同，可采用不同的检测方法。成批生产的孔，一般用光滑极限量规检测；中、低精度的孔，通常采用游标卡尺、内径千分尺、杠杆千分尺等进行绝对测量，或用百分表、千分表、内径百分表等进行相对测量；高精度的孔，则用机械比较仪、气动量仪、万能测长仪或电感测微仪等仪器进行测量。

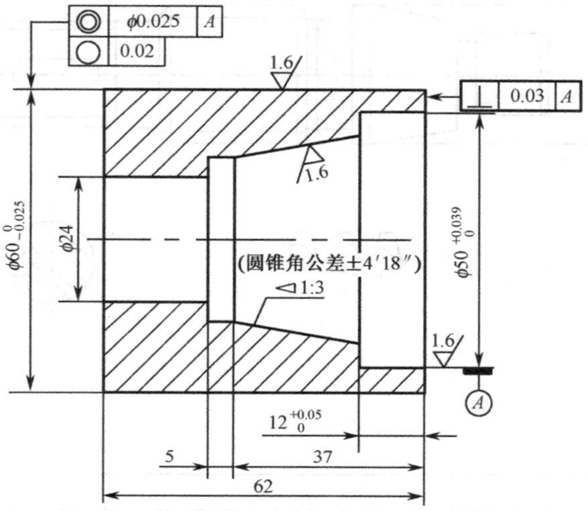

图 5.7　套类零件

5.2.1　学习目的

① 掌握孔径测量的常用方法。
② 熟练使用内径指示表，掌握其正确使用方法。
③ 了解万能测长仪的工作原理和测量方法。
④ 测量套类零件的内径值。
⑤ 判定测量值是否合格。

5.2.2　量具与测量仪器的选用

① 内径指示表。
② 万能测长仪。
③ 零件盘一只。
④ 被测工件。
⑤ 全棉布数块。
⑥ 油石。
⑦ 汽油或无水酒精。
⑧ 防锈油。

5.2.3　测量方法与测量步骤

孔径的测量方法较多，其方法分类见表 5.3。

表 5.3　孔径测量方法分类

序　号	方　法	所需测量器具	说　明
1	通用量具法	游标卡尺、深度游标卡尺、内径千分尺	准确度中等，操作简便
2	机械式测微法	内径百分表、内径千分表、扭簧比较仪、量块组	其中扭簧比较仪较准确
3	量块比较光波干涉测微	孔径测量仪	准确度较高
4	用量块比较	各种电感或电容测微仪、内孔比长仪、量块组	准确度较高，易于与计算机连接
5	气动量仪法	气动量仪	准确度较高，效率高
6	用电眼或内测钩	各种立式测长仪、万能测长仪、量块组	准确度较高
7	影像法、用光学测孔器	大型和万能工具显微镜	准确度一般
8	量块比较准直法测微	自准式测孔仪	准确度较高

常用的测量方法有用内径指示表检测孔径，用万能测长仪检测孔径等，下面分别介绍。

1．用内径指示表检测孔径

（1）量仪介绍

内径指示表是生产中测量孔径常用的测量仪器，它由指示表和装有杠杆系统的测量装置组成，如图 5.8 所示。

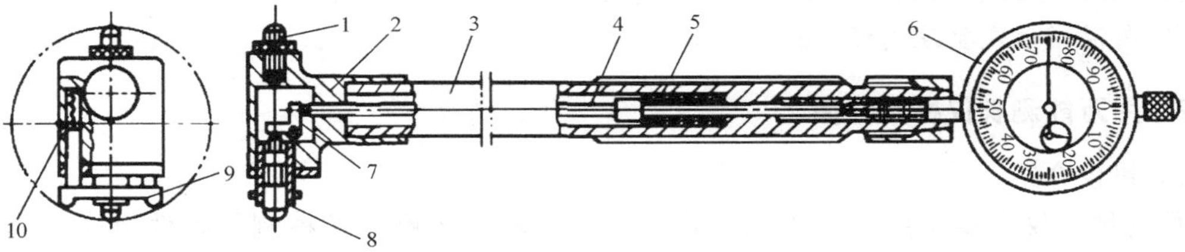

1—可换测量头；2—测量套；3—测杆；4—传动杆；　5, 10—弹簧；6—指示表；7—杠杆；8—活动测量头；9—定位装置

图 5.8　内径指示表

（2）工作原理

活动测量头 8 的移动可通过杠杆系统传给指示表 6。内径指示表的两测头放入被测孔径内，位于被测孔径的直径方向上，这可由定位装置来保证。定位装置借助弹簧力始终与被测孔径接触，其接触点的连线和直径是垂直的。

内径指示表测孔径属于相对测量，根据不同的孔径可选用不同的可换测量头，故其测量范围可达 6～400mm。内径指示表的分度值为 0.001mm。

（3）操作步骤

STEP　步骤

① 根据被测孔径的大小正确选择测头，将测头装入测杆的螺孔内。

② 按被测孔径的基本尺寸选择量块，擦净后组合于量块夹内。

③ 将测头放入量块夹内并轻轻摆动，按图 5.9（a）所示的方法在指示表指针的最小值处将指示表调零（即指针转折点位置）。

④ 按图5.9（b）所示的方法测量孔径，在指示表指针的最小值处读数。

⑤ 在孔深的上、中、下3个截面内，互相垂直的两个方向上，共测6个位置。

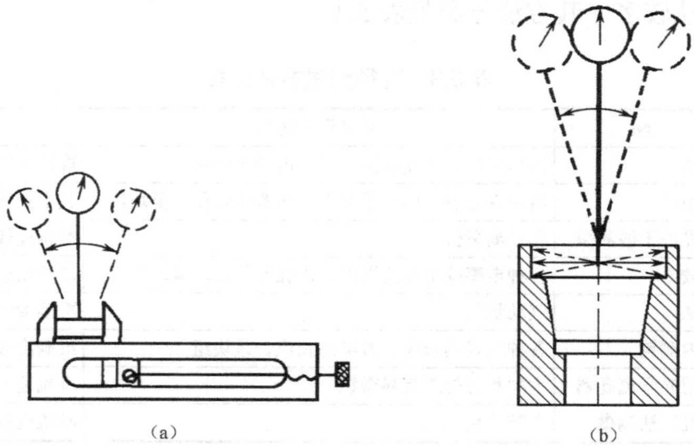

图5.9 内径指示表找转折点

⑥ 填写检测报告。

（4）注意事项

NOTICE 注意

① 注意测量面和被测面的接触状况。当两测量面与被测面接触后，要轻轻地晃动内径指示表，使测量面和被测面紧密接触。测量时，不得只用测量面的边缘。

② 内径指示表要注意经常校对，防止漂移。

2. 用万能测长仪检测孔径

（1）量仪介绍

万能测长仪主要由底座、万能工作台、测量座、尾座及各种测量附件组成，具体如图5.10所示。

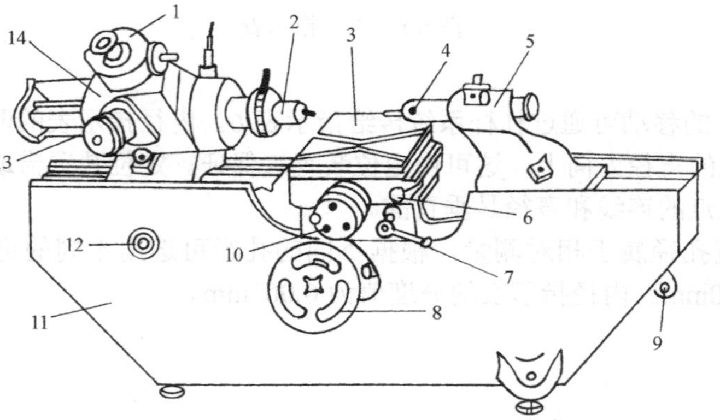

1—读数显微镜；2—测量轴；3—万能工作台；4—微调螺钉；5—尾座；6—工作台转动手柄；7—工作台摆动手柄；8—工作台升降手轮；9—平衡手轮；10—工作台横向移动手轮；11—底座；12—电源开关；13—微动手柄；14—测量座

图5.10 万能测长仪

（2）工作原理

万能测长仪是按照阿贝原则设计制造的，被测工件在标准件（玻璃尺）的延长线上，以保证仪器的高测量精度。在万能测长仪上进行测量，是直接把被测工件与精密玻璃尺做比较，然后利用补偿式读数显微镜观察刻度尺，进行读数。玻璃刻度尺被固定在测量轴 2 上，因其在纵向轴线上，故刻度尺在纵向上的移动量完全与被测工件长度一致，而此移动量可在显微镜中读出。万能测长仪测量原理如图 5.11 所示。

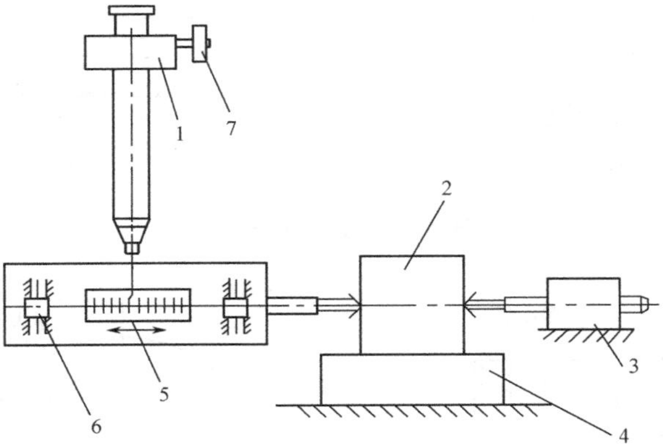

1—读数显微镜；2—被测工件；3—尾座；4—万能工作台；5—玻璃刻尺；6—滚珠轴承；7—微调手轮

图 5.11　万能测长仪测量原理

在读数显微镜的绿色视场中，可看到 3 种不同的刻线，分置在两个不同的窗框中。在中间大的窗框中有两种刻线，一种是水平方向固定的双刻线，从左端开始标有 0～10 的数字，这是刻度值为 0.1mm 的分划线；另一种是一条长的并在垂直方向标有数字的刻线，这是毫米刻线。在下面较小的窗框中，可看到一条水平方向可移动的刻线，其上标有 0～100 的数字，这是刻度值为 0.001mm 的移动分划线。起始读数方法如图 5.12 所示。

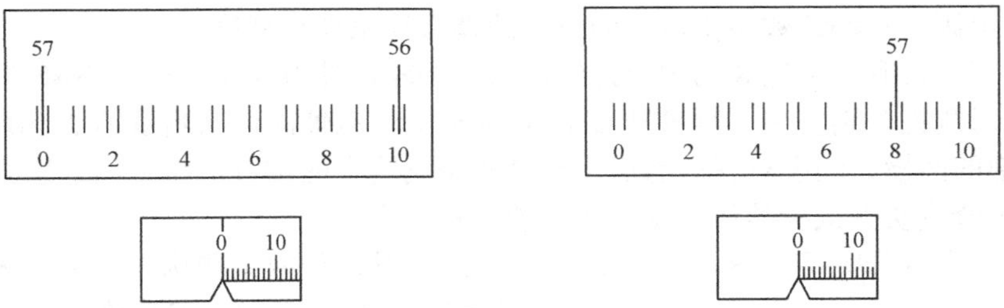

起始值为 57.0000mm　　起始值为 57.8000mm

图 5.12　起始读数方法

读数方法为：首先从毫米刻线和 0.1mm 分划线上，读出毫米值和 0.1mm 的数值，如图 5.13（a）所示，然后顺时针转动微调手轮，在视场中可看到毫米刻线和 0.001mm 分划线均向左移动，当处于任意位置的毫米刻线向左移至双线之中时，0.001mm 分划线也相应移动至某一位置。此时从 0.001mm 分划线上可读出 0.001mm 级的数值，并估读到 0.1μm 级，如图 5.13（b）所示，其数值为 79.4685mm。

（3）操作步骤

在圆柱体的测量中（无论是外圆柱面还是内孔），必须使测量轴线穿过该曲面的中心，并垂直于圆柱体的轴线。为了满足这一条件，在被测工件固定于工作台上后，就要利用万能工作台各个可能的运动条件，通过寻找“读数转折点”，将被测工件调整到符合阿贝原则的正确位置上。下面以孔径测量（图 5.14）为例，其操作步骤如下。

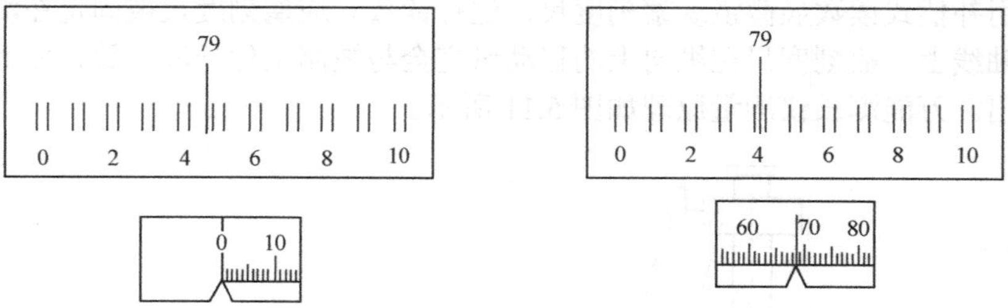

（a）　　（b）

图 5.13　读数方法

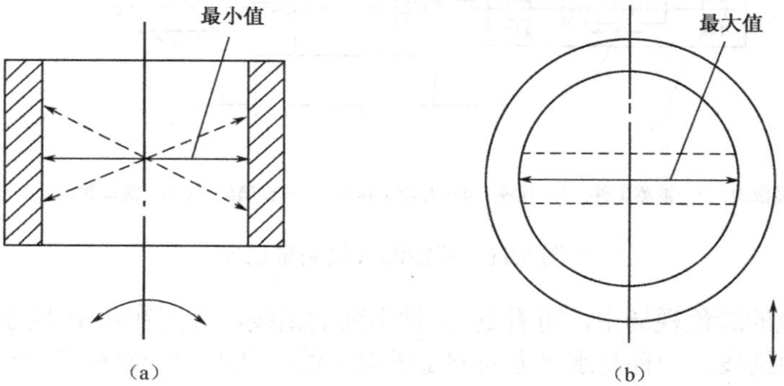

（a）　　（b）

图 5.14　孔径测量

STEP　步骤

① 接通电源，转动读数显微镜 1 的目镜的调节环来调节视度。

② 松开工作台升降手轮 8 的固定螺钉，转动手轮，使万能工作台 3 下降到最低位置。

③ 将一对测钩分别安装在测量轴 2 和尾座 5 上。沿轴向移动测量轴 2 和尾座 5，使这一对测钩头部的凸楔、凹楔对齐。然后，旋紧两个测钩上的螺钉，将它们分别固定。将具有被测孔径的组合量块夹或标准环，安放在万能工作台上。

④ 转动工作台升降手轮 8，使万能工作台 3 上升，使两个测钩伸入标准环或具有被测孔径的组合量块夹之中，然后将工作台升降手轮 8 的固定螺钉拧紧。调整仪器的零位或某一位置（取整数），并记下读数。

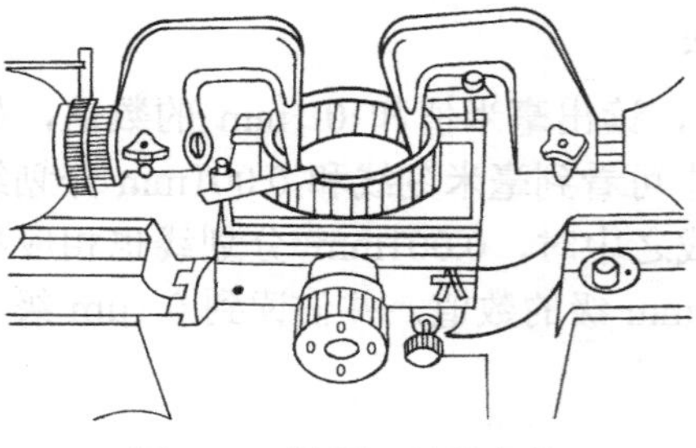

图 5.15　被测工件的安装

⑤ 取下测块组，将被测工件安装在工作台上，使两个测钩伸入被测工件之内，并用压板固定，如图 5.15 所示。调整仪器至某一正确位置（取转折点），并记下读数。此时测长仪的读数与调零位时的读数之差，为被测工件的尺寸偏差（使用标准环时，被测工件的实际尺寸=读数之差+标准环直径）。

（4）注意事项

NOTICE 注意

① 调整仪器至某一正确位置一定要取得转折点。

② 根据工件情况确定测量力的大小。

③ 安装工件要用压板固定。

5.2.4 测量与误差分析报告

孔径测量与误差分析报告见表 5.4。

表 5.4 孔径测量与误差分析报告

检 测 报 告

编号：

测量项目：

测量零件简图：

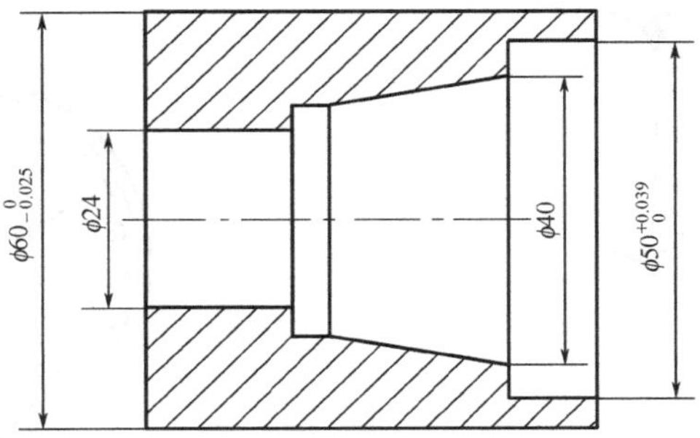

测量工具：______________________________

____

测量方法及要求：______________________________

____

检测结果：

测量位置 内容						
测量值（1）						
测量值（2）						
合格						
不合格						
加工后仍可用						

分析：______________________________

____

____

____

姓名__________

年　月　日

5.3 课题 3：同轴度、径向跳动和端面跳动的测量

5.3.1 学习目的

① 了解数显式千分表的正确使用方法。
② 测量轴类零件同轴度、径向跳动和端面跳动。
③ 判定测量值是否合格。

5.3.2 量具与测量仪器的选用

① 数显式千分表（如图 5.16 所示，测量范围为 0～10mm）、百分表（如图 5.17 所示，测量范围为 0～10mm）、杠杆千分表（如图 5.18 所示，测量范围为 0～0.2mm）。

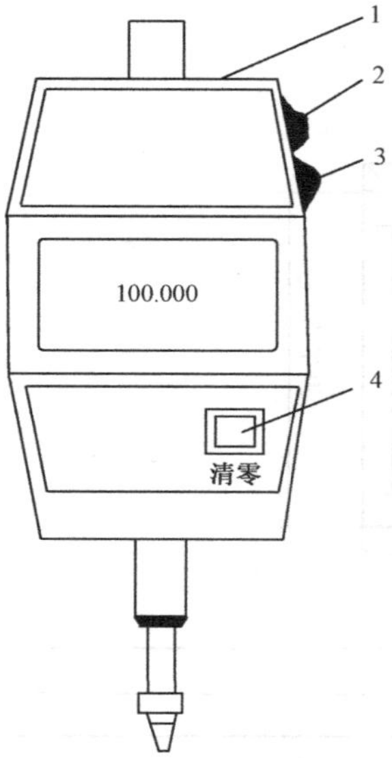

1—数据输出端口；2—电源开关；
3—公、英制转换按钮；4—置零按钮

图 5.16　数显式千分表

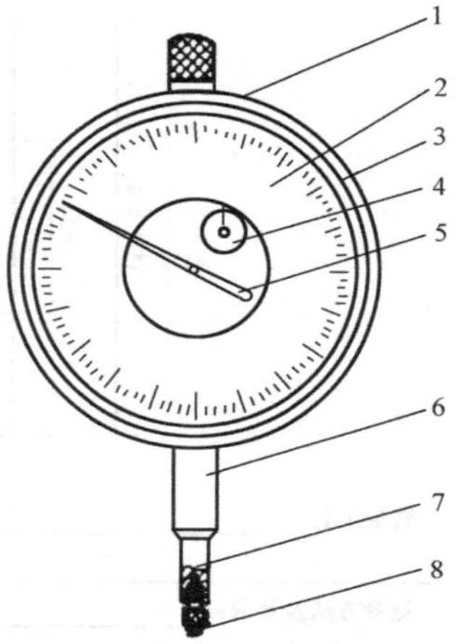

1—表体；2—表盘；3—表圈；4—转数指示盘；
5—主指针；6—轴套；7—量杆；8—测量头

图 5.17　百分表

② 偏摆仪。
③ 数显式千分表接口。
④ 零件盘一只。
⑤ 被测工件。
⑥ 全棉布数块。
⑦ 油石。
⑧ 汽油或无水酒精。
⑨ 防锈油。

轴类零件位置误差分析所用量具、量仪一般为指示表与量器的组合。

5.3.3 测量方法与测量步骤

形状和位置误差的测量在几何量精密测量中占有十分重要的地位。

形状和位置误差共有 14 项，不同的误差项目采用不同的测量方法，而且在同一项目中，随着零件精度和功能要求、形状结构、尺寸大小及生产批量等的不同，所采用的测量方法和量仪也不相同，所以在生产实际中，存在着种类繁多的测量方法。由于篇幅和学时所限，本章将着重介绍轴类零件最基本的、用得最多的 6 项形位误差的测量。形位误差测量的内容极为广泛，这里只能介绍一些典型的测量方法，供读者在实际工作中选用。下面以测量如图 5.19 所示的被测工件为例进行介绍。

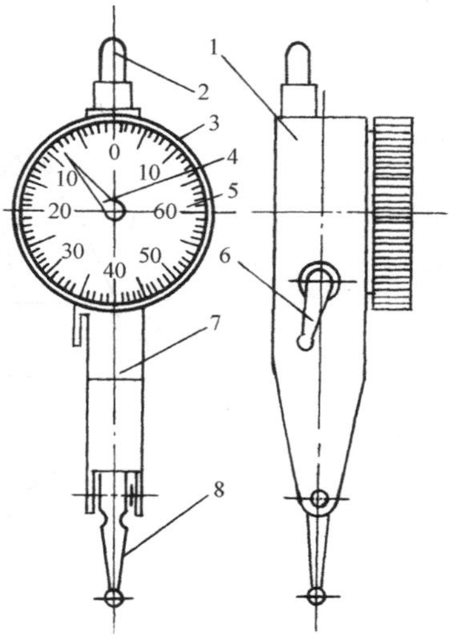

1—表体；2—连接柄；3—表圈；4—指针；5—表盘；6—换向器；7—轴套；8—测杆

图 5.18 杠杆千分表

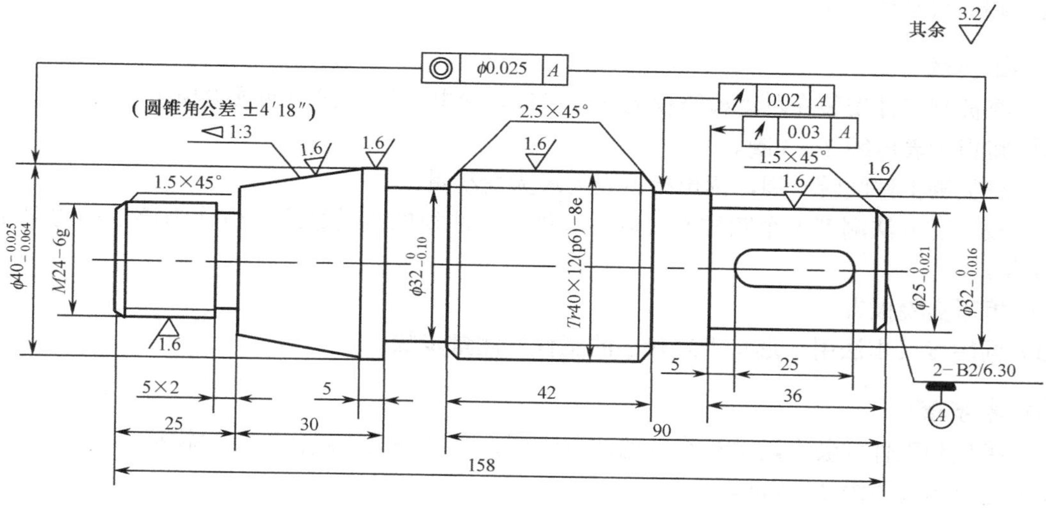

图 5.19 被测工件

1. 工件装夹

按图 5.20 所示将工件装夹在偏摆仪两顶尖间。

2. 各项目操作步骤

（1）径向跳动测量步骤

STEP 步骤

① 将被测工件安装在跳动检查仪的两顶尖间，公共基准轴线由两顶尖模拟。

② 将指示表压缩 2～3 圈。

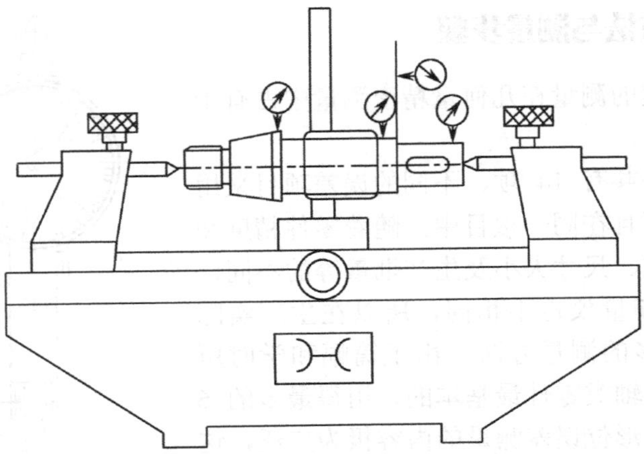

图 5.20　装夹工件

③ 将被测工件回转一周，读出指示表的最大变动量。

④ 按上述方法测若干个截面，取各截面跳动量的最大值作为径向跳动误差。

⑤ 填写实验报告。

（2）端面跳动测量步骤

STEP 步骤

① 将被测工件安装在跳动检查仪的两顶尖间，公共基准轴线由两顶尖模拟。

② 将指示表压缩 2～3 圈。

③ 将被测工件回转一周，读出指示表的最大变动量。

④ 按上述方法测若干个圆柱面，取各圆柱面上测得的跳动量最大值作为该工件的端面跳动误差。

⑤ 填写实验报告。

（3）同轴度（本法用于形状误差较小的工件）测量步骤

STEP 步骤

① 将被测工件安装在跳动检查仪的两顶尖间，公共基准轴线由两顶尖模拟。

② 将指示表压缩 2～3 圈。

③ 将被测工件回转一周，读出指示表的最大变动量（a）与最小变动量（b），该截面上的同轴度误差 $f=a-b$。

④ 按上述方法测量若干个截面，取各截面测得的读数中最大的同轴度误差，作为该零件的同轴度误差，并判断其是否合格。

⑤ 填写实验报告。

3．注意事项

NOTICE 注意

① 表类量具装在表夹或专用夹具上时，夹紧力不能过大，否则易使表夹外套变形，影响测杆的灵活性，使指针不动。

② 用表类量具测量时，不能强行将工件推到测杆下面，也不能提起测杆，然后突然松

手，使测头撞击到工件上，更不能敲打表的任何部位。为了检验表类量具装夹的可靠性和指针的灵活性，可把仪表或量具的测杆提起 1～2mm，再轻轻放下，反复 2～3 次，指针位置应无变化。对于杠杆式表类量具，可用手指轻轻触及测头，反复 2～3 次，指针位置无变化，说明该表没有问题。表类量具测量如图 5.21 所示。

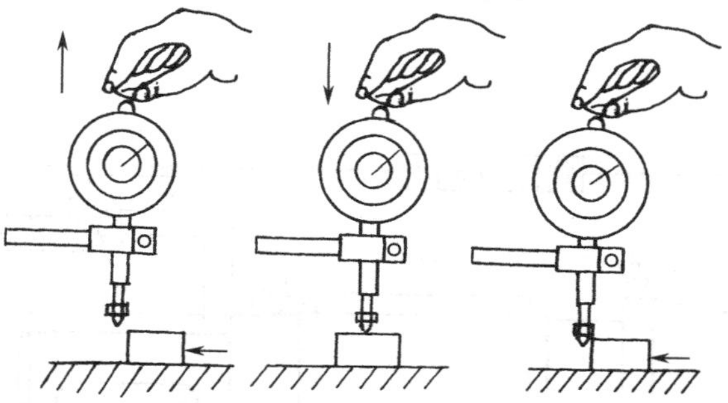

图 5.21　表类量具测量

③ 表类量具测量工件时，一般预紧 0.2mm（杠杆千分尺除外），如预紧太多，就会使测量工件时的工作行程太短。

④ 表类量具不用于测量过于粗糙的表面，以减少测头的磨损。

⑤ 表类量具移动测杆不能加油，以免油污进入表内，影响传动机构和测杆移动的灵敏度及示值稳定性。

⑥ 要注意表头的测量位置（图 5.22）。

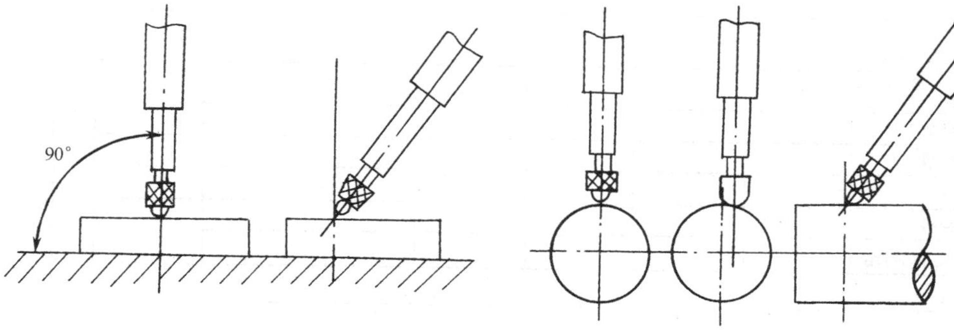

图 5.22　表头测量位置

5.3.4　测量与误差分析报告

同轴度、径向跳动和端面跳动测量与误差分析报告见表 5.5。

表 5.5　同轴度、径向跳动和端面跳动测量与误差分析报告

检 测 报 告

编号：

测量项目：

测量零件简图：

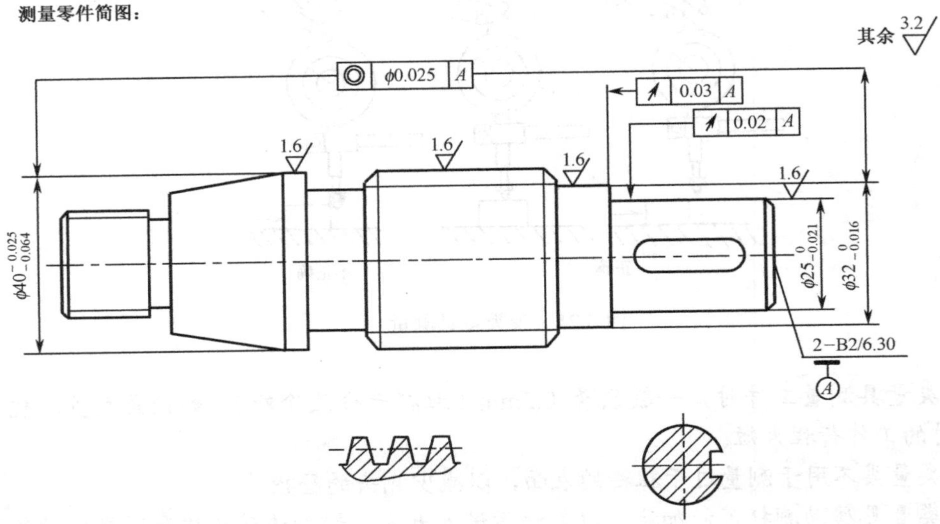

测量工具：

测量方法及要求：

检测结果：

测量位置 / 内容							
测量值（1）							
测量值（2）							
合格							
不合格							
加工后仍可用							

分析：

姓名＿＿＿＿＿

年　月　日

5.4 课题 4：圆度、圆柱度的测量

5.4.1 学习目的

① 了解圆度仪的正确使用方法。
② 测量轴类零件的圆度、圆柱度。
③ 判定测量值是否合格。

5.4.2 量具与测量仪器的选用

① 圆度仪。
② 刻有同心圆的透明样板（图 5.23）。

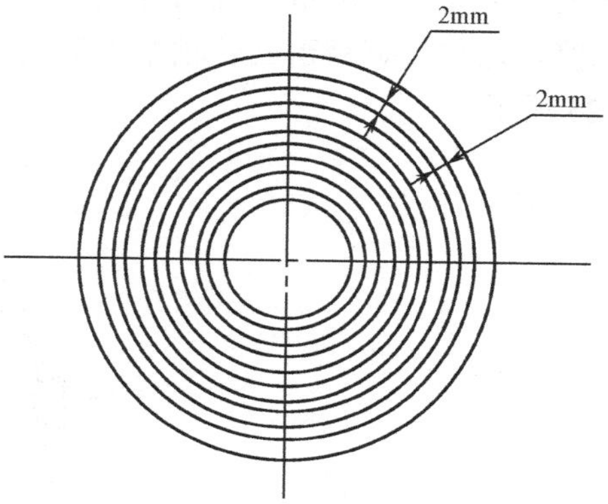

图 5.23　刻有同心圆的透明样板

③ 打印纸。
④ V 形铁。
⑤ 被测工件（图 5.24）。
⑥ 全棉布数块。

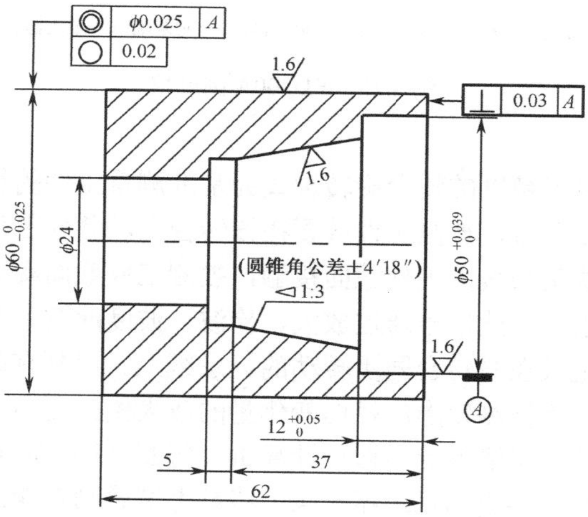

图 5.24　被测工件

⑦ 油石。

⑧ 汽油或无水酒精。

⑨ 防锈油。

5.4.3 测量方法与测量步骤

圆度误差是指包容同一横剖面实际轮廓且半径差最小的两同心圆间的距离 f。

圆度误差的测量方法可以分为三大类：一是用圆度仪测量圆度误差，二是利用测量坐标值原理测量（如光学分度头检测圆度误差），三是用两点法和三点法测量（如测微表测量）。本节主要介绍用圆度仪测量圆度误差。

1．用圆度仪测量圆度误差

（1）仪器介绍

用一个精密回转轴系统上一个动点（测量装置的触头）所产生的理想圆与被测轮廓进行比较，就可求得圆度误差值。这种具有精密回转轴系统的测量圆度误差的仪器称为圆度仪。YD200A 圆度仪如图 5.25 所示。

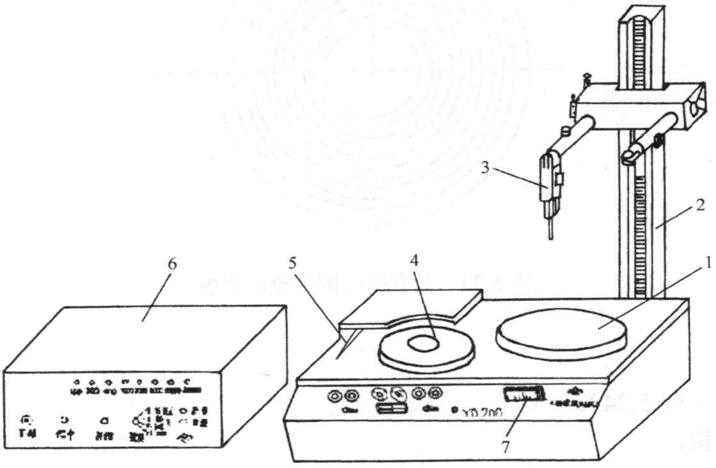

1—转台台面；2—立柱；3—传感器；4—记录器；5— 记录笔；6—放大器；7—对心表

图 5.25 YD200A 圆度仪

（2）工作原理

YD200A 型圆度仪以高精度的转台旋转轴线为基准测量工件的径向变化，转台台面可调至倾斜以使其与旋转轴线垂直，被测工件放置在该转台上，并使工件与转台旋转中心精确地对正。测量时，传感器测头与被测工件截面接触，被测工件截面实际轮廓引起的径向尺寸的变化由传感器转化成电信号，此信号通过放大、检波、波度滤波后驱动记录器表头，用电感方式将轮廓的径向变化记录在与转台同步转动的记录纸上。用刻有同心圆的透明样板可评定出圆度误差，该记录图形为被测轮廓的径向变化量的放大图，而与工件的直径大小无关。与此同时，波度滤波后的信号又输入专用微型计算机，每圈采样 600 点，按应用程序进行圆度分析。其结果信号通过功放再驱动记录器表头，将参考圆叠画在轮廓记录图上，直接显示测量结果。其最大峰值为 P，最大谷值为 V，圆度值即为 $P+V$，图形偏心分量 X、Y 值，可由微型计算机按 4 种评分方法（最小区域圆法、最小二乘方圆法、最大内接圆法和最小外接圆法）分别以数字方式显示出来。此外，对最小二乘方圆法还可显示中线平均值 MLA。

（3）操作步骤

STEP　步骤

① 打开电源，倍率开关置 100 倍率挡，补偿电位器置 1。

② 工件对中地放置在转台上，如果工件不对称，其重心应落在两个调节旋钮的直角平分线方向上。

③ 目测找正中心，移动传感器，使传感器测头与被测表面留有适当间隙。当转台转动时，目测该间隙的变化，并用校心杆敲拨工件，使其对正。如果是对称工件，则可利用定心装置，使工件快速定心。

④ 精确找正中心，使传感器测头在测量线方向上（即法线方向）接触工件表面，并使对心表 7 的指针在两条边线范围内摆动。当指针处在转折点时，在测头所处的径向方位上用校心杆敲拨工件，以使摆幅最小，找正中心应从最低放大倍率挡 100 倍率开始，直至 2000 倍率（粗糙零件）、4000 倍率（较精密的零件）。

⑤ 放入记录纸，记录轮廓图线。如果记录图线的头尾有径向偏离，则要重新记录。

⑥ 借助透明的刻有一组等间距（如 2mm）的同心圆透明样板（图 5.23），使其复合在记录纸上。

⑦ 用最小区域圆法，读圆度值。在被测轮廓内每点都可作两个同心圆，其中一个是外接圆，另一个是内切圆，以包含实际轮廓，并且以半径差最小的两个同心圆的圆心为理想圆心，但是至少应有 4 个实测点内外相间在内、外两个圆周上，如图 5.26 所示（*a*、*c* 与 *b*、*d* 分别与外圆和内圆交替接触）。

⑧ 两包容圆半径差即为圆度误差值。

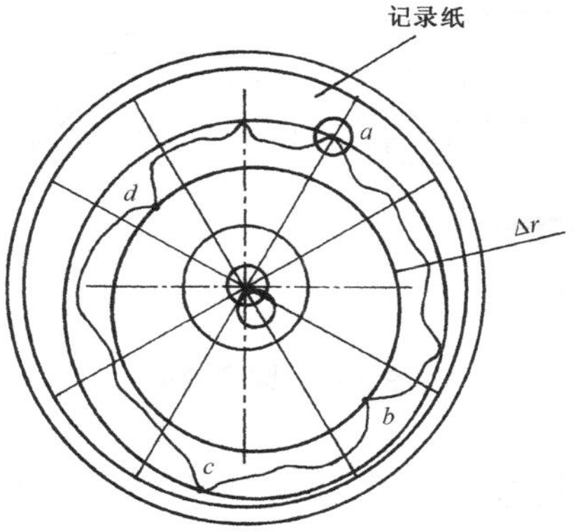

图 5.26　最小区域圆法

（4）注意事项

NOTICE　注意

① 如果将一个被测零件横截面上的轮廓（微观几何形状和宏观几何形状）全部在记录图上反映出来，则记录轮廓表面高频波动的图模糊不清，如图 5.27（a）所示。而对圆度测量来说，反映出表面宏观几何形状才是主要的，所以在圆度仪上采用了低通滤波器，将被测零件表面高频的波动滤掉，将宏观几何形状在记录图上显示出来，如图 5.27（b）所示。

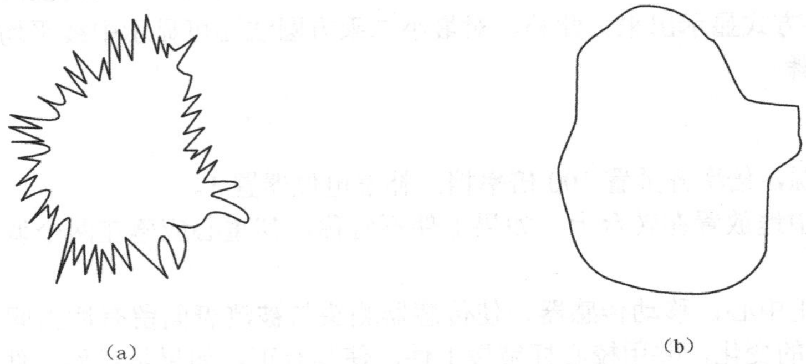

图 5.27　被测零件横截面的几何形状

② 从图 5.28（a）可以看出，一个被精车加工的零件，放大后其表面的加工痕迹呈螺旋状，若圆度很好，用尖测头沿被测工件表面测量一周时，测头会越过峰、谷各一次，记录图形将呈椭圆形，如图 5.28（b）所示。为了减小刀痕对测量的影响，宜采用斧形测头测量。

③ 在圆度误差测量中，测头对被测表面的压力，一般不超过 0.25N，选择测量力的原则是使被测工件表面不产生塑性变形，同时又有适当的力，克服测量过程中测头的径向加速运动，使测头不离开被测表面。

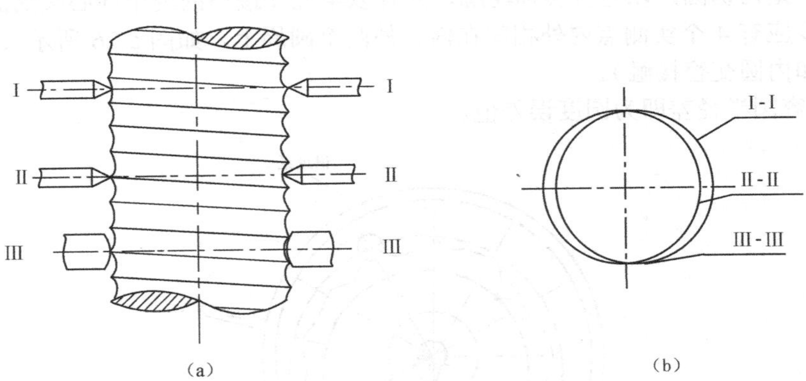

图 5.28　圆度测量

2．用圆度仪测量圆柱度误差

圆柱度误差是包容实际表面且半径最小的两个同轴圆柱面的半径之差 f。由于圆柱度测量结果不经计算机进行数据处理，很难做到精确和符合定义要求。而且计算机还不十分普及，因此用简便的近似方法来评定圆柱度误差仍是常用的一种方法。圆柱度误差测量如图 5.29 所示。

将被测工件的轴线调整到与仪器同轴，记录被测工件回转一周过程中测量截面上各点的半径差。在测头没有径向偏移的情况下，按需要重复上述方法测量若干个横截面。电子计算机按最小条件确定圆柱度误差，也可用极坐标图近似求出圆柱度误差。

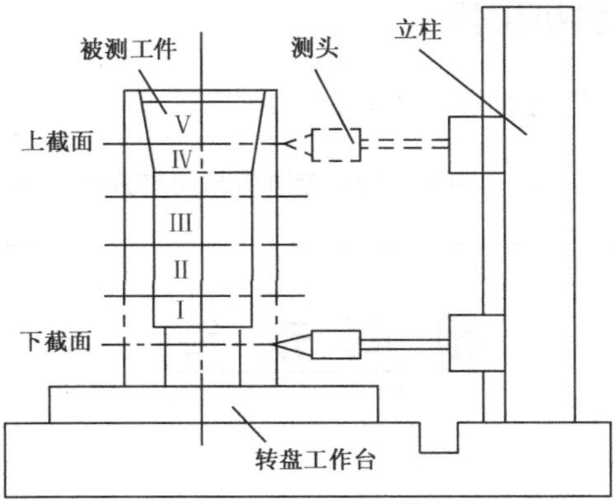

图 5.29　圆柱度误差测量

（1）操作步骤

STEP 步骤

① 打开电源，倍率开关置 100 倍率挡，补偿电位器置 1。

② 工件对中地放置在转台上，如果工件不对称，其重心应落在两个调节旋钮的直角平分线方向上。

③ 目测找正中心，移动传感器，使传感器测头与被测表面留有适当间隙。当转台转动时，目测该间隙的变化，并用校心杆敲拨工件，使其对正。如果是对称工件，则可利用定心装置，使工件快速定心。

④ 精确找正中心，使传感器测头在测量线方向上（即法线方向）接触工件表面，并使对心表 7 的指针在两条边线范围内摆动。当指针处在转折点时，在测头所处的径向方位上用校心杆敲拨工件，以使摆幅最小，找正中心应从最低放大倍率挡 100 倍率开始，直至 2000 倍率（粗糙零件）、4000 倍率（较精密的零件）。

⑤ 放入记录纸，记录截面轮廓上的图线。如果记录图线的头尾有径向偏离，则要重新记录。

⑥ 在测头没有径向偏移的情况下，按需要重复上述方法测量若干个横截面。

⑦ 把圆度仪上测量的每个截面的图形，描绘在一张记录纸上，如图 5.30 所示，然后用同心圆透明样板按最小条件圆度的判别准则，求出包容这一组记录图形的两同心圆半径差Δ，再除以放大倍数 M，即得到此零件的圆柱度误差 $f=\dfrac{\Delta}{M}$。

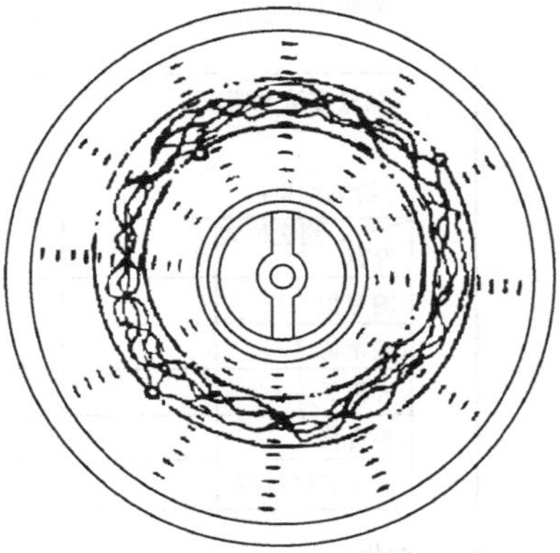

图 5.30　把图形描绘在记录纸上

（2）注意事项

NOTICE 注意

① 在圆柱度误差测量中，除圆度测量中所述的注意事项外，还应注意测量力所产生的力矩。

② 要注意经常校正工作台水平度。

5.4.4 测量与误差分析报告

圆度、圆柱度测量与误差分析报告见表 5.6。

表 5.6 圆度、圆柱度测量与误差分析报告

检 测 报 告

编号：

测量项目：

测量零件简图：

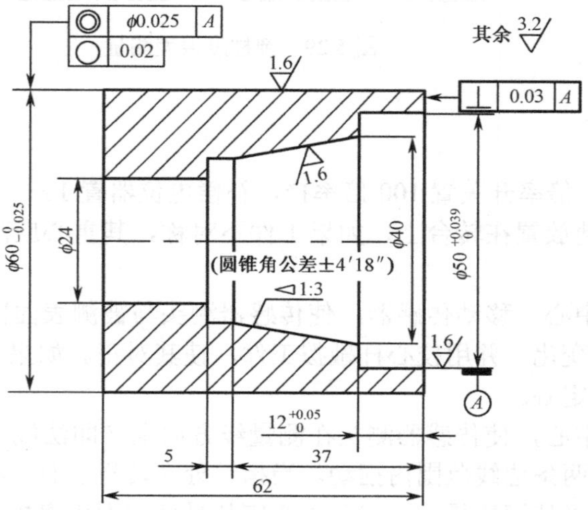

测量工具：______________________________

测量方法及要求：______________________________

检测结果：

测量位置 / 内容							
测量值（1）							
测量值（2）							
合格							
不合格							
加工后仍可用							

分析：______________________________

姓名__________

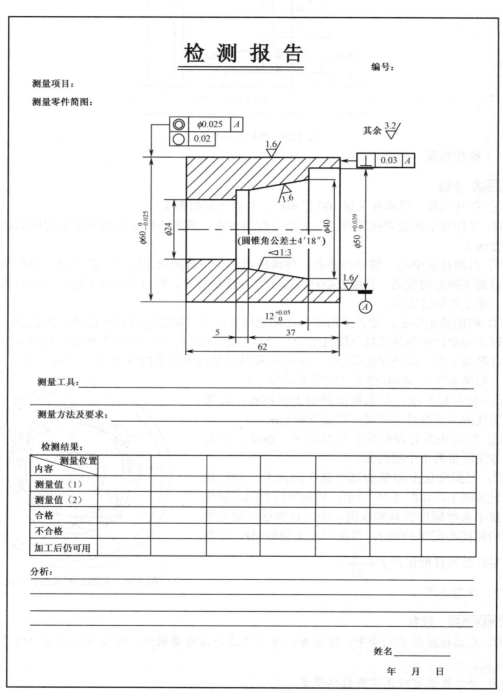

年 月 日

5.5　课题 5：长度的测量

长度测量的内容较广，包括长度、轴径、孔径、几何形状、表面相互位置等参数的测量（图 5.31）。长度测量方法较多，本节主要介绍几种常用方法。

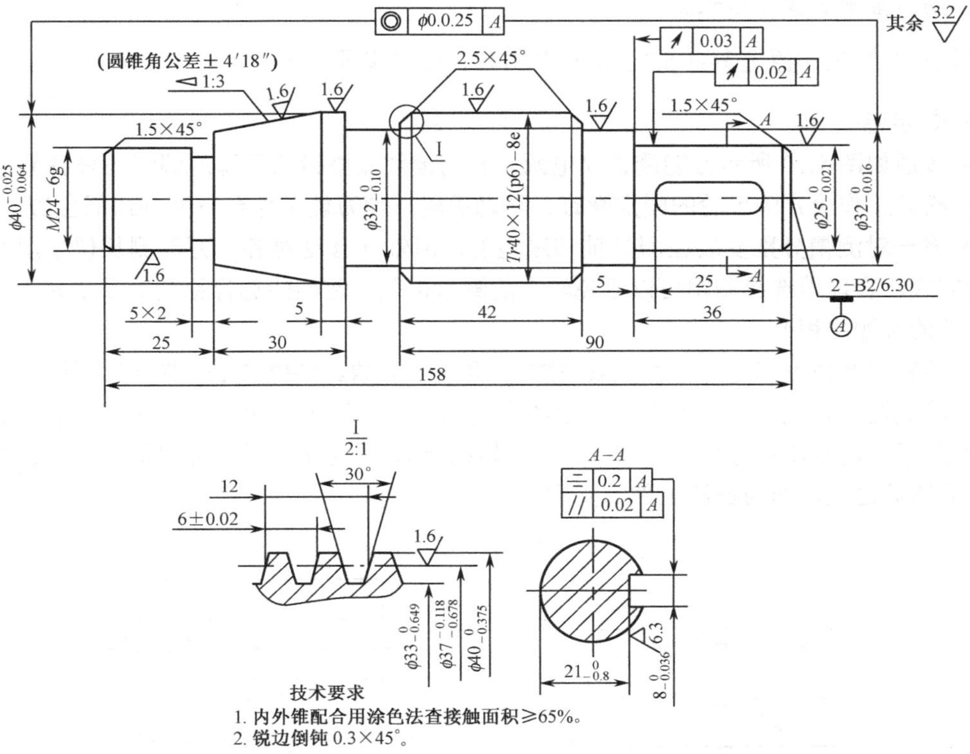

图 5.31　长度的测量

5.5.1　学习目的

① 掌握用万能测长仪测量长度的方法。
② 了解 3 种常用的游标卡尺与数显式深度尺的正确使用方法。
③ 测量零件长度、直径、孔径和深度。
④ 判定测量值是否合格。

5.5.2　量具与测量仪器的选用

① 万能测长仪、数显式游标卡尺、数显式深度尺。
② 被测工件。
③ V 形铁。
④ 方盘。
⑤ 全棉布数块。
⑥ 油石。

⑦ 汽油或无水酒精。

⑧ 防锈油。

5.5.3 测量方法与测量步骤

1．用万能测长仪测量长度

量仪介绍与工作原理参见5.2.3节相关内容。操作步骤如下。

STEP 步骤

① 接通如图5.10所示万能测长仪电源，转动读数显微镜的目镜的调节环来调节视度。

② 松开工作台升降手轮的固定螺钉，转动手轮，使万能工作台下降到最低位置。

③ 将一对测帽分别安装在测量轴和尾座上，沿轴向移动对齐（万能测长仪采用的是接触测量方式，合理地选择测帽可以避免较大的测量误差。测帽的选择原则是尽量减小测帽与被测工件的接触面积）。

④ 调整仪器找到转折点位置（取整数），并记下读数。调整方法如图5.32所示。

⑤ 将被测工件安装在工作台上，使两个测帽接触被测工件两端面，并用压板固定，如图5.33所示。调整仪器至某一正确位置（取转折点），并记下读数，此时测长仪的读数与调零位时的读数之差，即为被测工件的实测尺寸。

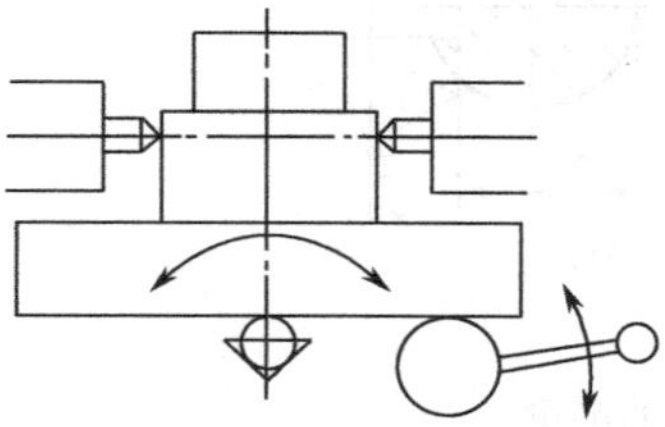

（a）工作台左右偏摆及上下偏摆找最小值

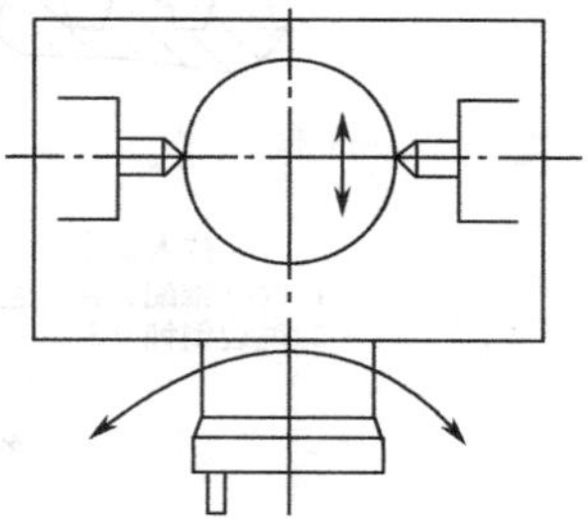

（b）移动工作台横向手柄找最大值

图5.32 转折点调整

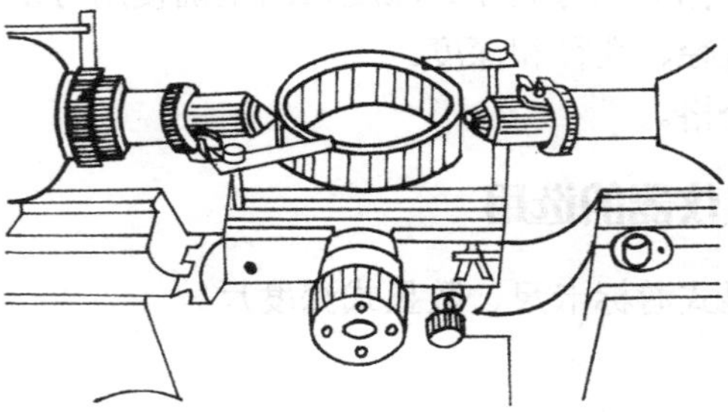

图5.33 工件安装

2．用游标卡尺测量长度

利用游标尺和主尺相互配合进行测量和读数的量具，称为游标量具。它结构简单，使用方便，维护、保养容易，在现场加工中应用广泛。

（1）量仪介绍

如图 5.34、图 5.35、图 5.36 所示为 3 种常用的游标卡尺。

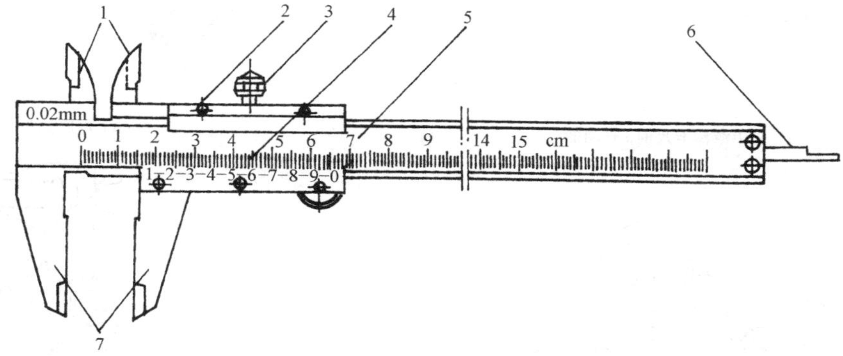

1—刀口内量爪；2—尺框；3—紧固螺钉；4—游标；5—尺身；6—深度尺；7—外量爪

图 5.34　三用游标卡尺

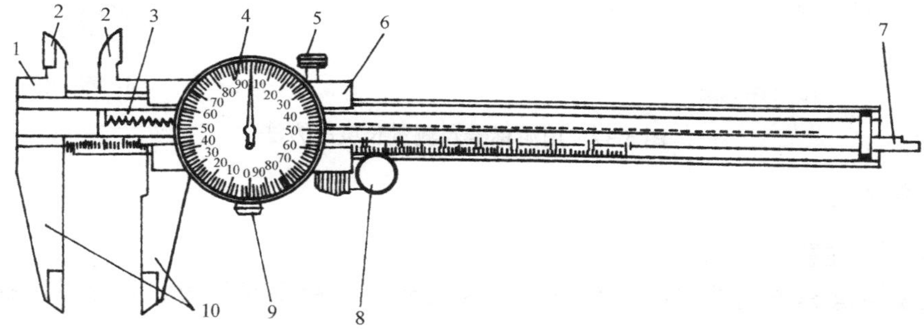

1—尺身；2—刀口内量爪；3—齿条；4—指示表；5—紧固螺钉；6—尺框；
7—深度尺；8—滚轮拉手；9—表盘锁紧螺钉；10—外量爪

图 5.35　带表游标卡尺

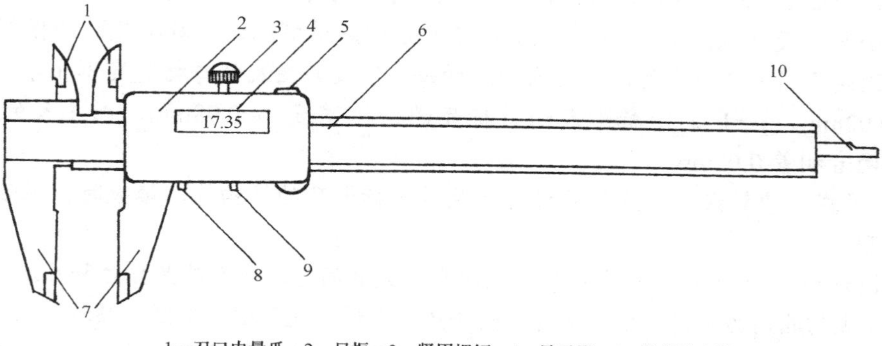

1—刀口内量爪；2—尺框；3—紧固螺钉；4—显示器；5—数据输出端口；
6—尺身；7—外量爪；8—公、英制转换按钮；9—置零按钮；10—深度尺

图 5.36　三用数显式游标卡尺

（2）测量方法

用游标卡尺测量长度的方法如图 5.37 所示。

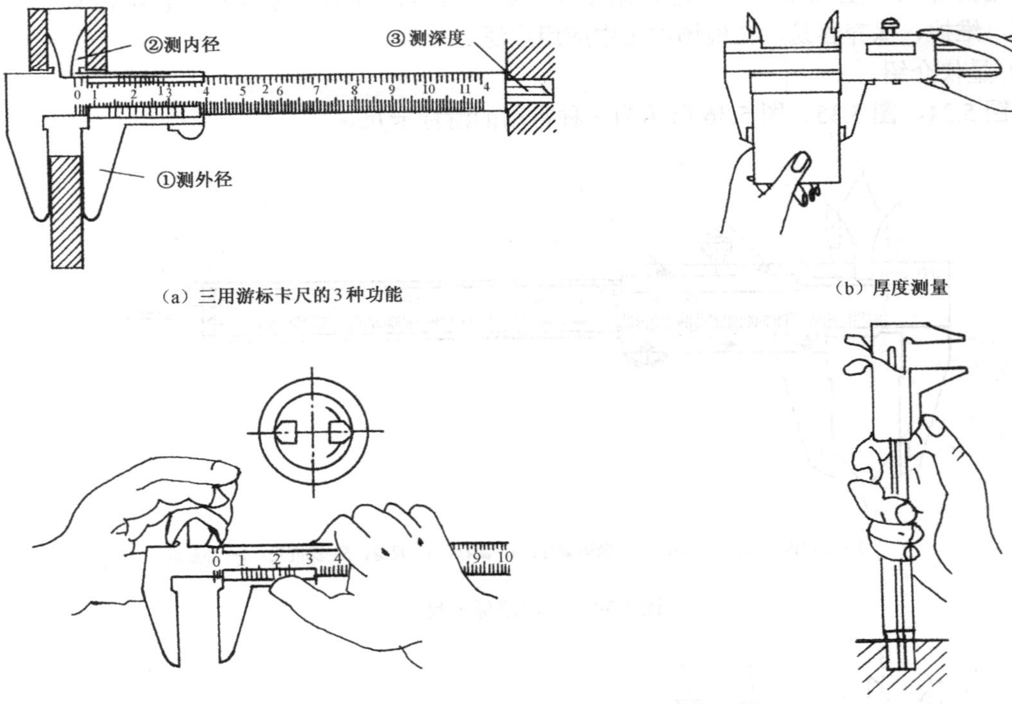

（a）三用游标卡尺的3种功能　（b）厚度测量　（c）内径测量　（d）深度测量

图 5.37　用游标卡尺测量长度的方法

（3）注意事项

NOTICE 注意

① 在使用游标卡尺前，必须检查游标卡尺的外观和各部位的相互作用，经检查合格后，再校对其零位是否正确。

② 使用游标卡尺时，当游标尺上有两根刻线同时与主尺的两根刻线对齐时，取游标尺两根对齐刻线读数之和的一半作为读数结果。这种现象在使用 0.02mm 游标卡尺中经常出现。例如，0.02mm 游标卡尺游标尺的第 7、8 两根刻线同时与主尺的两根刻线对齐，这时该卡尺的小数值是 $0.02\times[(7+8)\div 2]=0.15$（mm）。严格地说，游标尺的两根刻线与主尺的两根刻线是不能完全对齐的，因为游标尺的每格宽度与主尺的每格宽度不相等。例如，分度值为 0.02mm，$\gamma=1$ 的游标卡尺的游标尺的每格宽度 b=0.98mm，而主尺的每格宽度 a=1mm，两者相差 0.02mm。

③ 为了减小读数误差，除了从设计上改进游标卡尺的结构外，读数时，眼睛还要垂直于刻线表面。

④ 游标卡尺上的尺框与尺身在窄面之间有较大的间隙，该间隙是靠弹簧片消除的。测量时，如果用大拇指用力推挤尺框，弹簧片就会产生变形，使尺框产生微量倾斜，从而影响测量精度。正确的测量方法是：用大拇指轻轻推动（测量内孔及沟槽时要拉动）尺框，在游标卡尺两测量面接触到被测表面的同时轻轻活动游标卡尺，使测量面逐渐归于正确位置即可读数。

⑤ 用游标卡尺测量时，两测量爪对应点的连线应与被测尺寸方向平行，否则测量误差大。测量圆柱面时，两测量爪对应点的连线，应通过工件直径，只有这样，才能测得真实的尺寸。有时，受测量爪长度限制，测不到被测外圆的直径尺寸，只有将卡尺置于外圆的一端面，才能测得直径尺寸，如图 5.38（a）所示。如果在其他地方测量，测得的只是该处横截面的一条弦长，如图 5.38（b）所示。因此，要测量该处直径，必须换大卡尺或其他量具进行测量。

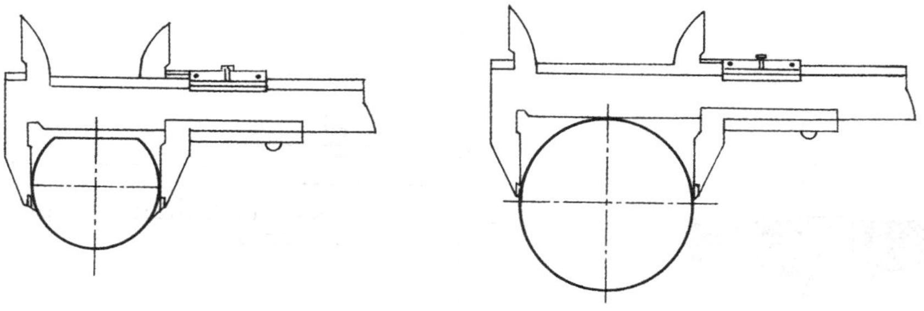

（a）正确　　（b）错误

图 5.38　用游标卡尺测量大外圆

⑥ 避免出现下列错误。

a. 测量时，游标卡尺要端平，否则将会产生测量误差，如图 5.39 所示。

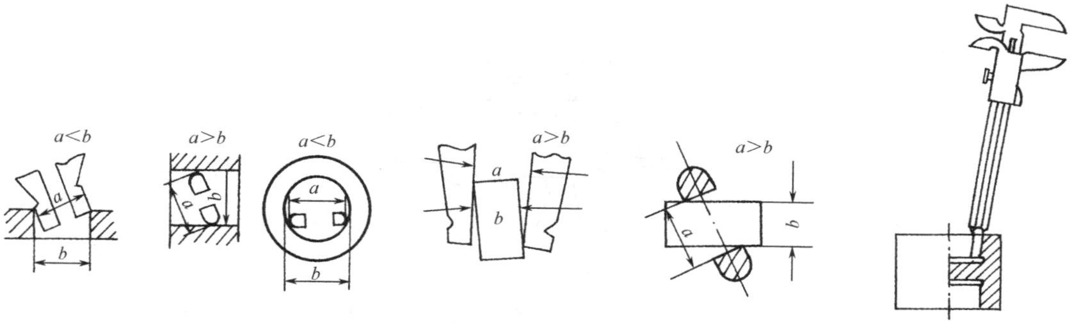

图 5.39　游标卡尺未端平

b. 游标卡尺不能当工具用，如图 5.40 所示。

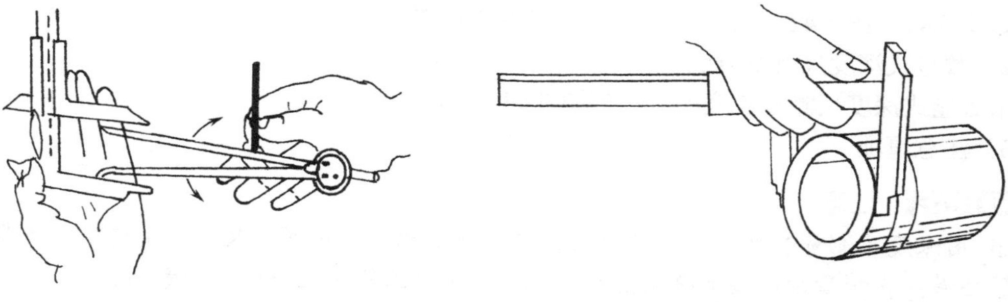

图 5.40　错误地使用游标卡尺

3. 用数显式深度尺测量长度

数显式深度尺是用容栅（或光栅）测量系统和数字显示器进行读数的一种长度测量仪器。其分辨率为 0.01mm，测量范围有 0～200mm，0～300mm，0～500mm 三种。深度千分尺、深度游标卡尺和数显式深度尺分别如图 5.41、图 5.42、图 5.43 所示。数显式深度尺可用于测量通孔、盲孔、阶梯孔和槽的深度，也可测量台阶高度和平面之间的距离。

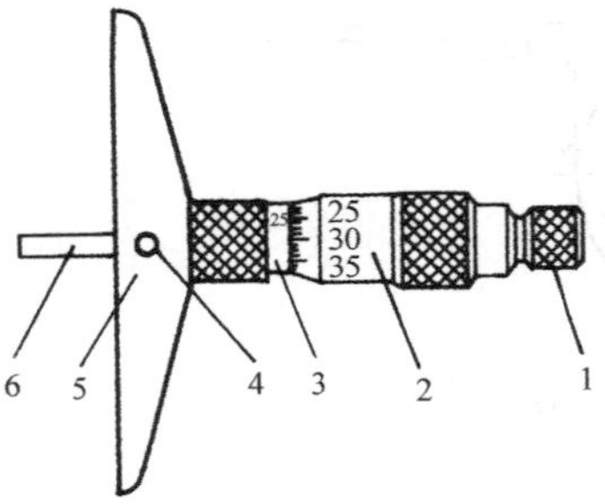

1—测力装置；2—微分筒；3—固定套管；
4—锁紧装置；5—基座；6—测量杆

图 5.41 深度千分尺

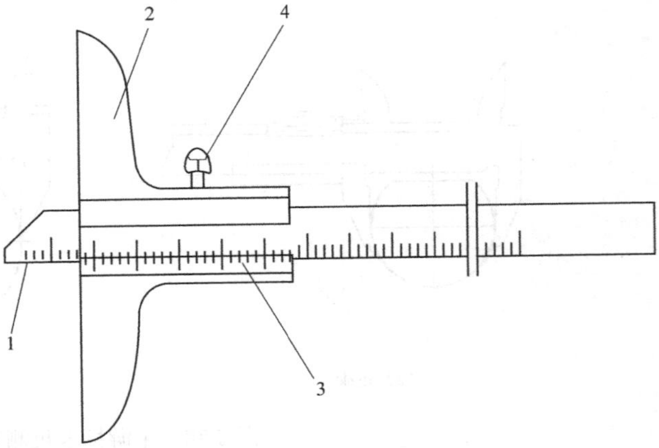

1—尺身；2—尺框；3—游标；4—紧固螺钉

图 5.42 深度游标卡尺

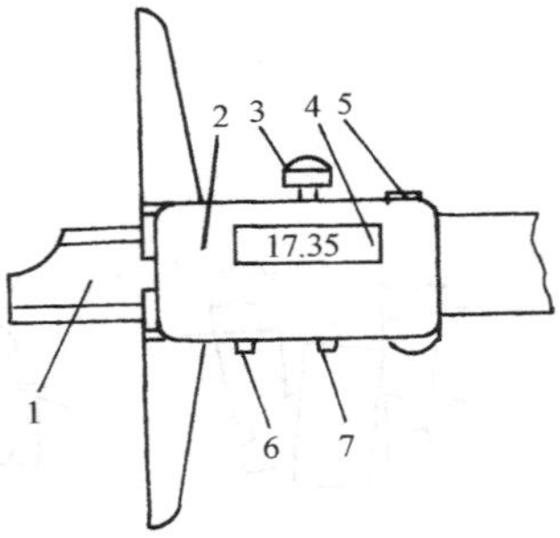

1—尺身；2—尺框；3—紧固螺钉；4—显示器；
5—数据输出端口；6—公、英制转换按钮；7—置零按钮

图 5.43 数显式深度尺

（1）量仪介绍

如图 5.41、图 5.42、图 5.43 所示为 3 种常用的深度尺。

（2）数显式深度尺测量方法

用数显式深度尺测量长度的方法如图 5.44 所示。

（3）注意事项

NOTICE 注意

① 用深度尺测量长度，首先应看清图纸及技术要求。用深度尺测量工件时，多数是测量位置公差。在测量时应擦干净深度尺的基面和被测工件的几个相对测量面。

② 测量时不准用力摇晃深度尺的主尺，主尺测量杆不能歪斜，否则会影响测量结果。

③ 不能用深度尺检测粗糙表面。

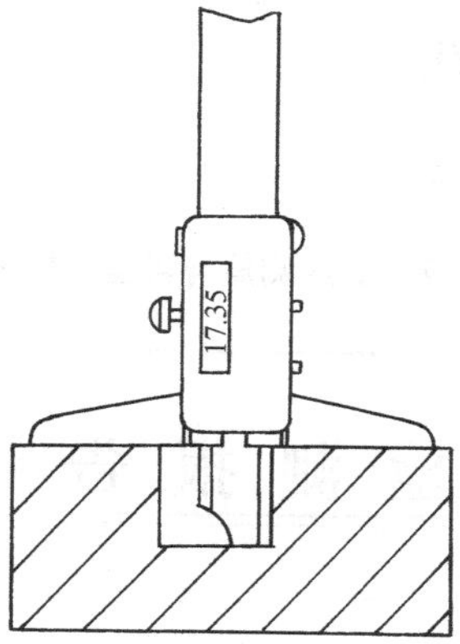

图 5.44　用数显式深度尺测量长度的方法

LINK　知识链接

● **深度千分尺操作方法简介**

深度千分尺是另一种可以用于测量深度的量具，它主要用于测量工件深度及多台阶工件的尺寸，其精度比游标卡尺、游标深度尺高。测量实例如图 5.45 所示。

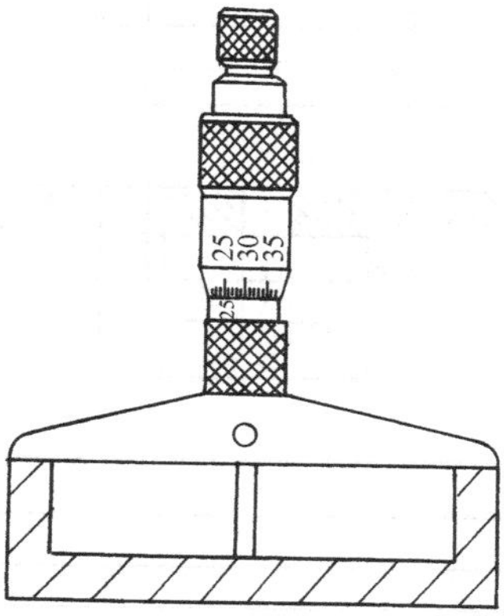

图 5.45　用深度千分尺测量深度

使用深度千分尺时应注意以下几点。

NOTICE　注意

① 要擦干净深度千分尺的测量基面，同时对准零位。

② 不允许以毛坯或粗糙表面作为深度千分尺测量被测工件深度的基面。

③ 在测量深度时，不要将尺身的基面在被测量工件表面上来回移动，以免损坏深度千分尺的基面，影响测量精度。

④ 在进行深度测量时，应采用千分尺测力装置（即拧动棘轮），当棘轮发出“嗒嗒”的响声时即可读数，不要拧动微分筒上的滚花部分，否则，会因测量力过大，导致深度千分尺的测杆顶起深度千分尺的基面，影响测量精度。

5.5.4 测量与误差分析报告

长度测量与误差分析报告见表5.7。

表5.7 长度测量与误差分析报告

检 测 报 告

编号：

测量项目：

测量零件简图：

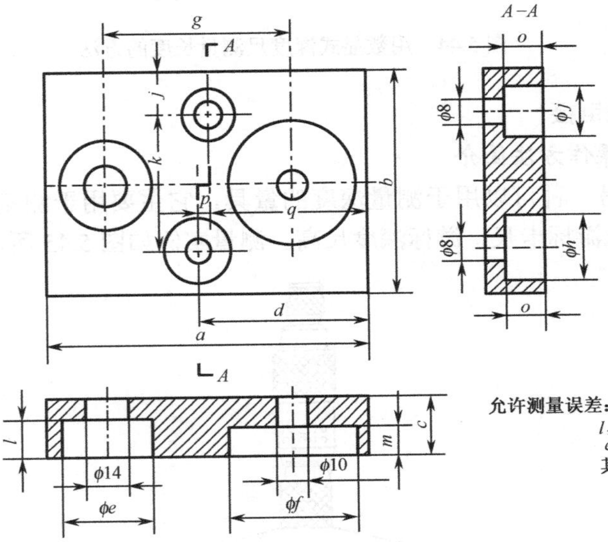

允许测量误差：a,b,c ±0.02mm
l,m,n,o ±0.01mm
e,f,h,j ±0.01mm
其余：±0.04mm

测量工具：＿＿＿＿＿＿＿＿＿＿＿＿＿＿＿＿

测量方法及要求：＿＿＿＿＿＿＿＿＿＿＿＿＿＿＿＿

检测结果：

测量位置 / 内容							
测量值（1）							
测量值（2）							
合格							
不合格							
加工后仍可用							

分析：＿＿＿＿＿＿＿＿＿＿＿＿＿＿＿＿

姓名＿＿＿＿＿＿

年 月 日

5.6 课题 6：锥度的测量

5.6.1 学习目的

① 了解正弦规的正确使用方法。
② 测量零件的锥度。
③ 判定测量值是否合格。

5.6.2 量具与测量仪器的选用

① 正弦规。
② 万能角度尺、角度块。
③ 直尺。
④ 千分表或百分表。
⑤ 磁性表架。
⑥ 测量平板。
⑦ 被测工件。
⑧ 全棉布数块。
⑨ 油石。
⑩ 汽油或无水酒精。
⑪ 防锈油。

5.6.3 测量方法与测量步骤

1. 用正弦规测量

（1）工作原理

正弦规的工作原理如图 5.46 所示，正弦规两个圆柱的直径相等，两圆柱中心线互相平行，又与工作面平行。两圆柱之间的中心距通常做成 100mm、200mm 和 300mm 三种。在测量或加工零件的角度或锥度时，只要用量块垫起其中一个圆柱，就组成一个直角三角形，锥角α等于正弦规工作面与平板（假定正弦规放在平板上测量零件）之间的夹角。

锥角α的对边是由量块组成的高度 H，斜边是正弦规两圆柱的中心距 L，这样利用直角三角形的正弦函数关系便可求出α的值：

$$\sin\alpha=\frac{H}{L}$$

若被测角度α与其公称值一致，则角度块上表面与平板工作面平行；若被测角度有偏差，则角度块上表面与平板工作面不平行，可用在平台上移动的测微计，在角度块上表面两端进行测量。测微计在两个位置上的示值差与这两端点之间距离的比值，即为被测角的偏差值（用弧度来表示）。测微计在被测角度块的小端和大端测量的示值分别为 n_1 和 n_2，两测点之间的距离为 l，则角度块偏差为

$$\Delta\alpha=\frac{n_1-n_2}{l}$$

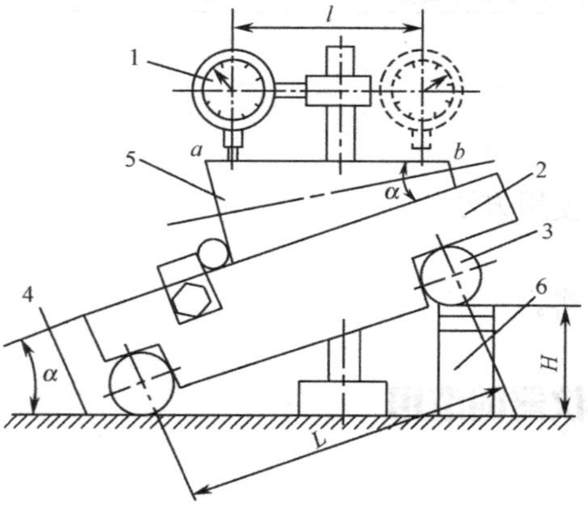

1—指示计；2—正弦规；3—圆柱；4—平板；5—角度块；6—量块

图 5.46　正弦规工作原理

如果测量示值 n_1、n_2 的单位为μm，测点间距 l 的单位为 mm，而$\Delta\alpha$的单位为″，则上式变为

$$\Delta\alpha=\frac{206(n_1-n_2)}{l}$$

1rad=206 265″，式中只取了前三位数字。

（2）操作步骤

STEP 步骤

① 将正弦规、量块用不带酸性的无色航空汽油进行清洗。

② 检查测量平板、被测工件表面是否有毛刺、损伤和油污，并进行清除。

③ 将正弦规放在平板上，把被测工件按要求放在正弦规上。

④ 根据被测工件尺寸，选用相应高度尺寸的量块组，垫起其中的一个圆柱。

⑤ 调整磁性表架，装入千分表（或百分表），将表头调整到相应高度，压缩千分表表头 0.1～0.2mm（百分表表头压缩 0.2～0.5mm）。紧固磁性表架各部分螺钉（装入表头的紧固螺钉不能过紧，以免影响表头的灵活性）。

⑥ 提升表头测杆 2～3 次，检查示值稳定性。

⑦ 求出被测角的偏差值$\Delta\alpha$。

（3）注意事项

NOTICE 注意

① 不要用正弦规检测粗糙零件。被测零件的表面不要带毛刺、研磨剂、灰屑等脏物，也要避免带磁性。

② 正弦规使用时，应防止在平板或工作台上来回拖动，以免磨损圆柱而降低精度。

③ 被测零件应利用正弦规的前挡板或侧挡板定位，以保证被测零件角度截面在正弦规圆柱轴线的垂直平面内，避免测量误差。

2. 用万能角度尺测量

万能角度尺（图 5.47）是另一种可以用于测量角度的量具。它是一种用接触法测量斜面、燕尾槽和圆锥面角度的游标量具。

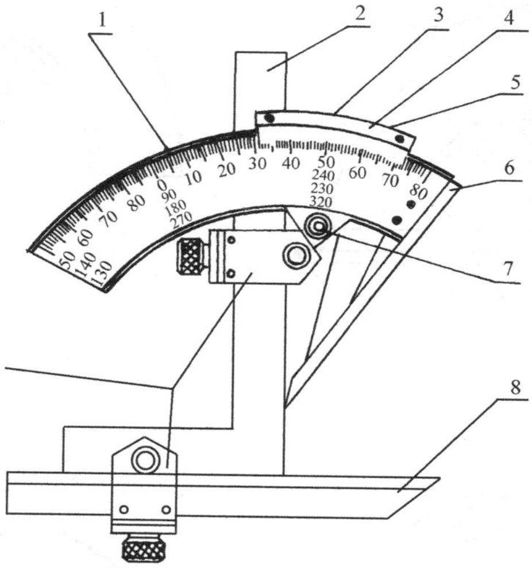

1—主尺；2—直角尺；3—尺座；4—游标；5—齿轮转钮；
6—基尺；7—制动器；8—活动直尺；9—紧固装置

图 5.47　万能角度尺结构图

（1）测量方法

万能角度尺测量方法如图 5.48 所示。

（2）注意事项

使用万能角度尺测量时应注意以下几点。

NOTICE　注意

① 测量面的中线不能偏离工件中心，即直尺（或直角尺）中线应该在工件的轴向剖面内，否则将直接影响测量值。应该强调的是，直尺（或直角尺）并不处于基尺的中间部位，因此测量时不能使基尺中线对准工件中心，而应使直尺（或直角尺）中线对准工件中心。

② 以外圆为测量基准时，该外圆轴线与圆锥面轴线之间不应该存在平行度误差；以端面为测量基准时，端面与圆锥轴线之间不应存在垂直度误差，否则这些误差将会影响测量值。

③ 测量基准面不能凹凸不平，不能有毛刺、毛边或沾有碎屑、灰尘、油污等杂物，否则会影响测量精度。

④ 不能用万能角度尺测量精密角度类零件。因为在测量时，角度的位置不可能放得十分准确，加上视觉误差因素，往往使测量值不精确。

3. 用锥度量规测量

（1）测量方法

锥度量规（图 5.49）是另一种可以用于测量角度的量具，锥度测量可用涂色法检验。使用锥度量规时，应先在圆锥体或锥度塞规的外表面，顺着母线，用显示剂均匀地涂上 3 条线（线与线相隔约 120°）。然后再把套规或塞规，在圆锥体或圆锥孔上转动约半周，观察显示剂的擦去情况，以此来判断工件锥度的正确性。

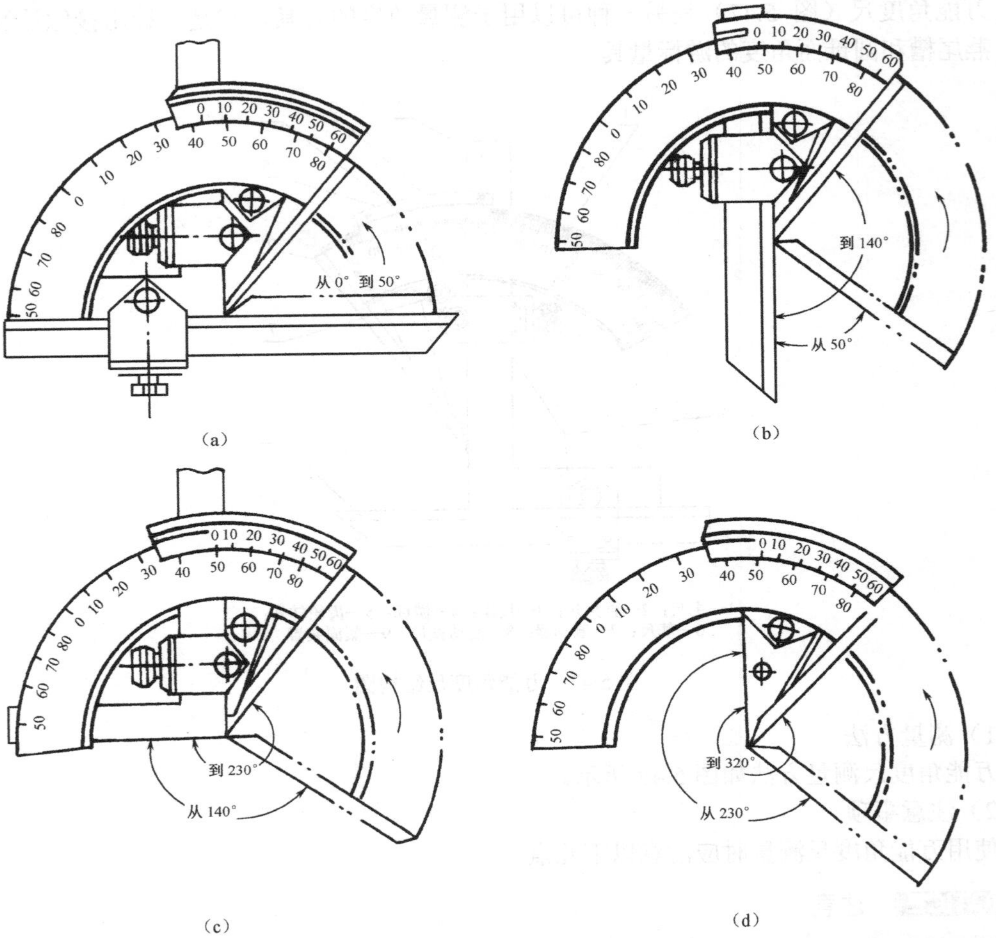

图 5.48　万能角度尺测量方法

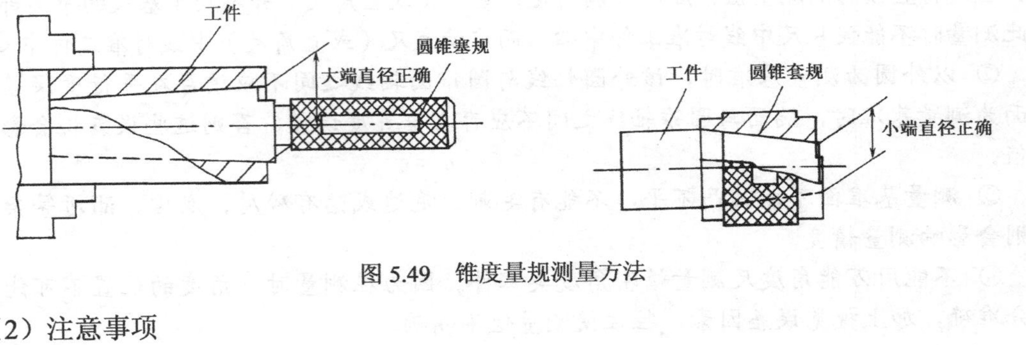

图 5.49　锥度量规测量方法

（2）注意事项

使用锥度量规测量时应注意以下几点。

NOTICE　注意

① 锥度量规的转动量若超过半周，则显示剂会互相黏结，使操作者无法正确分辨，易造成误判。

② 测量锥度以后，切不可用敲击量规的方法取下量规，否则工件在敲击后容易走动，产生锥度误差。

③ 锥面未擦净，不能进行测量，否则易造成误判，用时也容易破坏量规的锥面，影响量规的测量精度。

④ 用涂色法测量时，显示剂不能厚薄不均，否则会造成检验时的误判，或者给判断带来困难。

5.6.4　测量与误差分析报告

锥度测量与误差分析报告见表 5.8。

表 5.8　锥度测量与误差分析报告

检 测 报 告

编号：

测量项目：

测量零件简图：

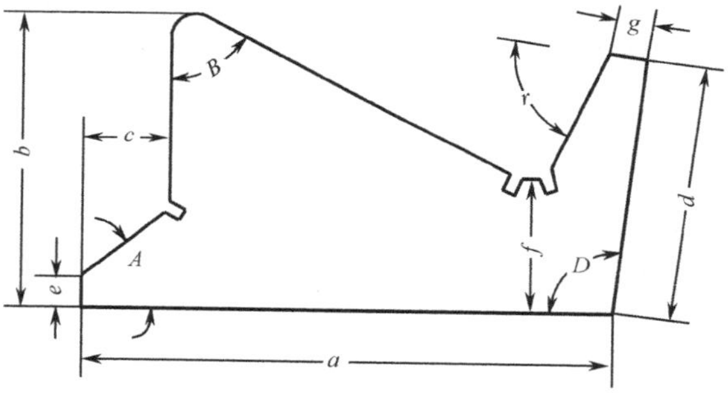

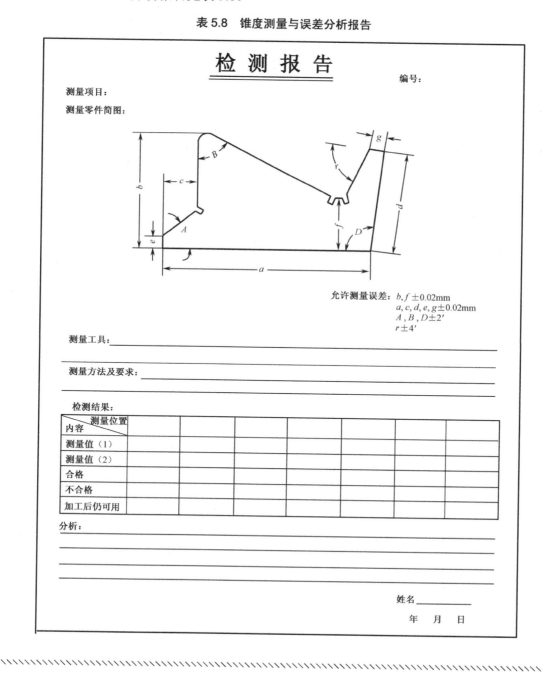

允许测量误差：$b, f \pm 0.02$mm
$a, c, d, e, g \pm 0.02$mm
$A, B, D \pm 2'$
$r \pm 4'$

测量工具：______

测量方法及要求：______

检测结果：

测量位置 内容							
测量值（1）							
测量值（2）							
合格							
不合格							
加工后仍可用							

分析：______

姓名______

年　月　日

习题5

1. 简述万能测长仪的测量原理及测量步骤。
2. 简述圆度仪的测量原理及测量步骤。
3. 万能测长仪能测量哪些参数？
4. 现场测量为什么要进行“定温”处理？

第6章

键与花键的测量

6.1 课题1：键槽的测量

6.1.1 学习目的

① 掌握键槽测量的常用方法。

② 加深对对称度公差带定义的理解。

③ 测量键槽对称度误差。

④ 判定测量值是否合格。

6.1.2 量具与测量仪器的选用

① 千分表或百分表。

② 磁性表架。

③ 测量平板。

④ V形铁。

⑤ 定位块。

⑥ 被测工件。

⑦ 全棉布数块。

⑧ 油石。

⑨ 汽油或无水酒精。

⑩ 防锈油。

6.1.3 测量方法与测量步骤

在制造批量较大时，键槽多采用如图6.1所示的专用量具进行检验。

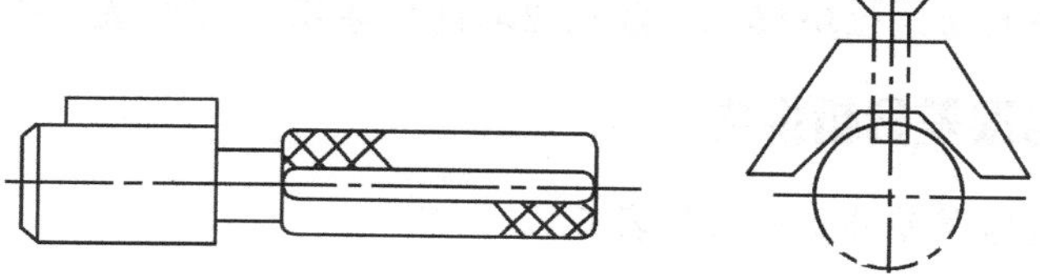

图6.1 检验键槽的专用量具

单件或小批量生产时，键槽的槽宽、槽深及对轴心的对称度等用通用量具检验，如图 6.2 所示。

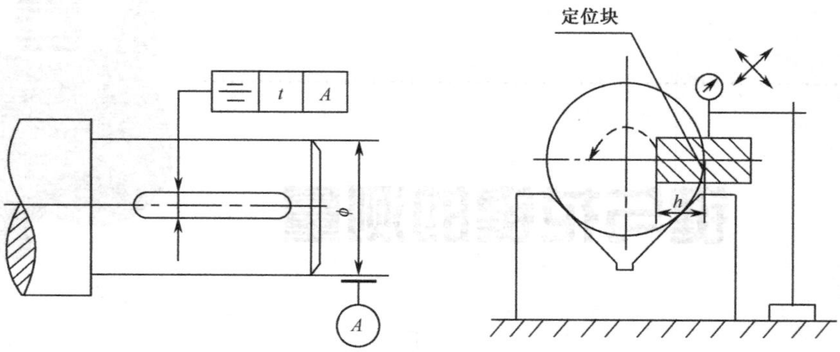

图 6.2　键槽对称度检测方法

1. 测量步骤

基准轴线由 V 形铁模拟，被测中心平面由定位块模拟，分 5 步测量。

STEP 步骤

① V 形铁置于平板上，按图 6.2 所示放置被测工件，并在键槽内塞入相应尺寸的定位块。

② 调整被测工件使定位块沿径向与平板平行。

③ 测量定位块至平板的距离，再将被测工件旋转 180° 后重复上述测量，得到该截面上下两对应点的读数差 a，则该截面的对称度误差为：

$$f_{截}=\frac{a\cdot\frac{h}{2}}{R-\frac{h}{2}}=\frac{ah}{d-h}$$

式中，R——轴的半径 $(\frac{d}{2})$；

h——槽深。

④ 沿键槽长度方向测量，取长度方向两点的最大读数差，即为长度方向的对称度误差：

$$f_{长}=a_{高}-a_{低}$$

⑤ 取截面与长度两个方向测得误差的最大值作为工件的对称度误差。

2. 注意事项

NOTICE 注意

由于被测中心平面由定位块模拟，因此应取两块等高 V 形铁置于平板上。

6.1.4 测量与误差分析报告

键槽对称度测量与误差分析报告见表 6.1。

表 6.1 键槽对称度测量与误差分析报告

检 测 报 告

编号：

测量项目：

测量零件简图：

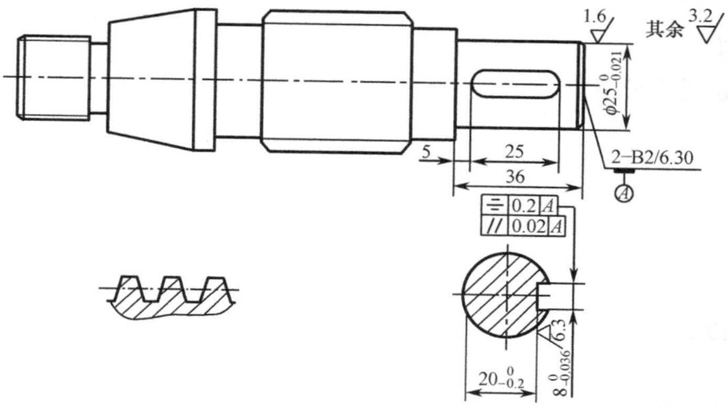

测量工具：

测量方法及要求：

检测结果：

测量位置 / 内容							
测量值（1）							
测量值（2）							
合格							
不合格							
加工后仍可用							

分析：

姓名

年 月 日

6.2 课题2：矩形花键的测量

6.2.1 学习目的

① 掌握矩形花键测量的常用方法。
② 加深对位置度公差带定义的理解。
③ 测量矩形花键位置度误差。
④ 判定测量值是否合格。

6.2.2 量具与测量仪器的选用

① 光学分度头。
② 杠杆千分表或百分表。
③ 磁性表架。
④ 测量平板。
⑤ V形铁。
⑥ 定位块。
⑦ 被测工件。
⑧ 全棉布数块。
⑨ 油石。
⑩ 汽油或无水酒精。
⑪ 防锈油。

6.2.3 测量方法与测量步骤

1. 用光学分度头检测矩形花键等分度

（1）仪器介绍

FP130A 型影屏式光学分度头一般以工件的旋转中心线为测量基准，测量中心角和加工中的分度。其外形结构如图6.3所示。

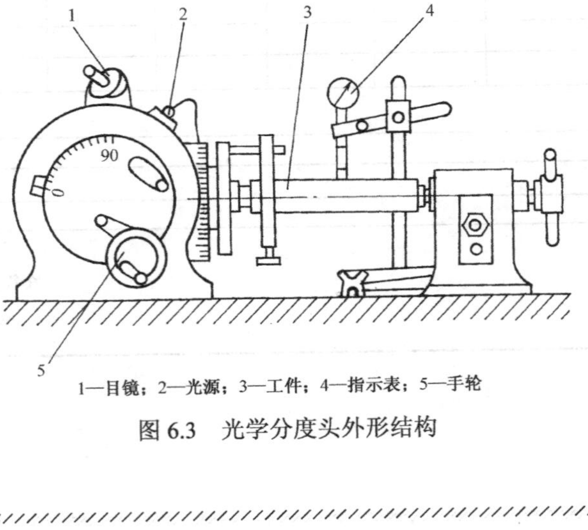

1—目镜；2—光源；3—工件；4—指示表；5—手轮

图6.3 光学分度头外形结构

仪器的主要技术参数有如下几个。

- 玻璃分度盘刻度值 1°。
- 分值分划板刻度值 5′。
- 秒值分划板刻度值 5″。
- 顶尖中心高 130mm。
- 两顶尖间最大距离 710mm。

图 6.4 所示为光学分度头的光学系统。光学分度头的玻璃分度盘直接安装在分度头主轴上而与传动机构无关。当主轴旋转时，玻璃分度盘将随着一起转动，这样避免了传动机构的制造误差对测量结果的影响，所以具有相当高的精确度。

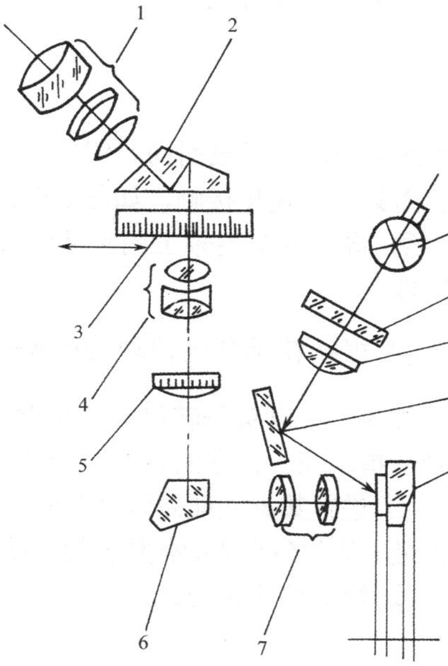

1—目镜；2—棱镜；3—分值分划板； 4, 7—物镜组；5—秒值分划板；
6—棱镜；8—玻璃分度盘；9—反射镜；10—聚光镜；11—滤光片；12—光源

图 6.4 光学分度头的光学系统

由光源 12 发出的光线经滤光片 11、聚光镜 10 到反射镜 9，照亮主轴上的玻璃分度盘 8（分度值为 1°）。

玻璃刻线影像经过棱镜 6 投射到秒值分划板 5 上（刻度值为 5″），玻璃分度盘上的影像和秒值刻线影像一起又投射到分值分划板 3 上（刻度值为 5′），通过目镜可同时看到度值刻线、分值刻线和秒值刻线。

（2）读数原理

如图 6.5 所示，在目镜视野中，右边细长刻线，刻度值为 1°，满刻度 360°；中间短亮隙，刻度值为 5′，满刻度 60′（1°）；左边分度值 5″，满刻度 300″（5′）。

测量时，通过螺旋手轮将分度值刻线调到邻近的分值刻线亮隙中间，即可读数。图 6.5（a）的示值为 354° 14′，图 6.5（b）的示值为 354° 8′5″。

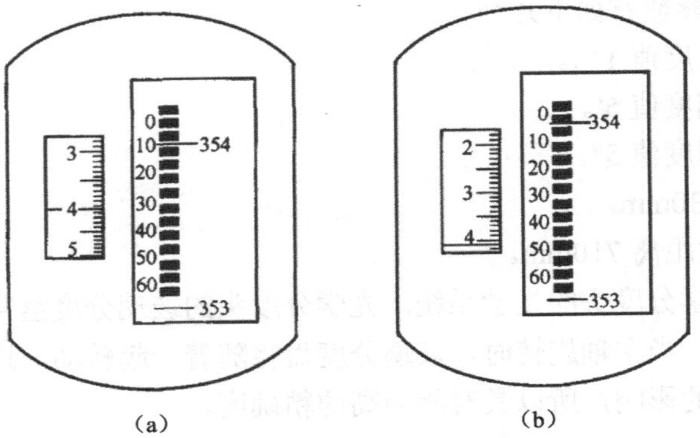

图 6.5　光学分度示值

（3）测量步骤

STEP 步骤

① 将零件顶在光学分度头的两顶尖间，指示表引向花键，并使表头与接近花键大径处的表面某一位置相接触，如图 6.6 所示。

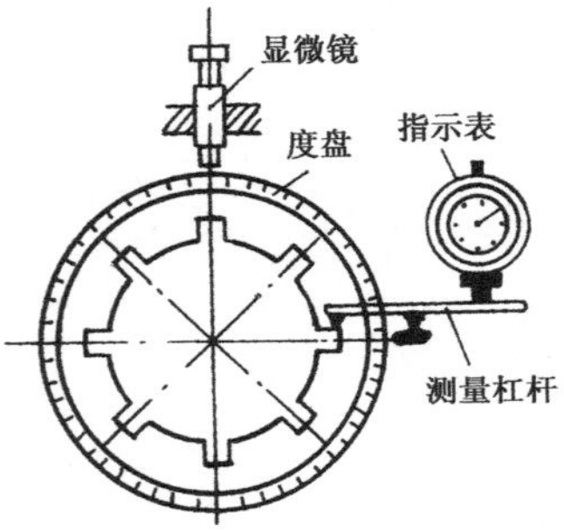

图 6.6　花键测量

② 将分度头主轴上的外活动度盘转到零度，再将指示表调零。

③ 根据花键分度角理论值 $\phi = \dfrac{360^\circ}{n}$，进行逐齿分度。在一周内，分度头每转过一个角度（或进行了一次分度），记录从指示表上读取的相应点的数值。

④ 进行数据处理并做出合格性判断（指示表在各齿上的读数最大值与最小值的代数差为分度误差，n 为键数）。

⑤ 填写检测报告。

2．测量花键对轴线的对称度

（1）花键对称度测量的安装

花键对轴线的对称度测量的安装如图 6.7 所示。

（2）测量步骤

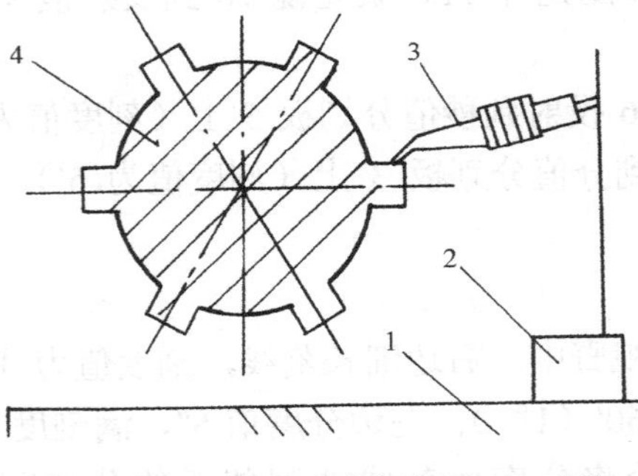

1—平台；2—表座；3—杠杆千分表；4—花键

图 6.7　花键对轴线的对称度测量的安装

STEP 步骤

① 将外花键安装于顶尖间或 V 形铁上，并使被测面沿径向与平板平行。

② 检测并记录指示表读数，不要转动花键，将指示表移到另一侧，即如图 6.7 所示的左侧的键侧面，记录第二次指示表读数。设两次读数差为 a，则对称度

$$f = \frac{ah}{d-h}$$

式中，a——读数差；

d——大径；

h——键齿工作面高度。

3. 外花键大径、小径、键宽与侧面对轴线的平行度的测量

（1）测量方法

外花键大径、小径、键宽与侧面对轴线的平行度的测量方法见表 6.2。

表 6.2　外花键大径、小径、键宽与侧面对轴线的平行度的测量方法

被 检 项 目	示 意 图	说　　明
大径		用光滑极限量规（卡规）测量矩形外花键的大径
小径	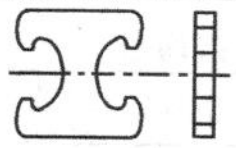	用光滑极限量规（卡规）测量矩形外花键的小径
键宽	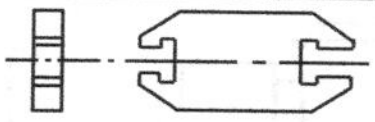	用卡规测量矩形外花键的键宽
侧面对轴线的平行度	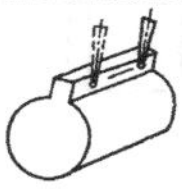	将外花键安装在两顶尖间并防止其自由转动，指示表测头接触键齿侧面，沿轴向相对移动，表的读数差即为侧面对轴线的平行度

（2）量具介绍

在制造批量较大时，花键的检验多采用专用的量具，如图 6.8 所示。

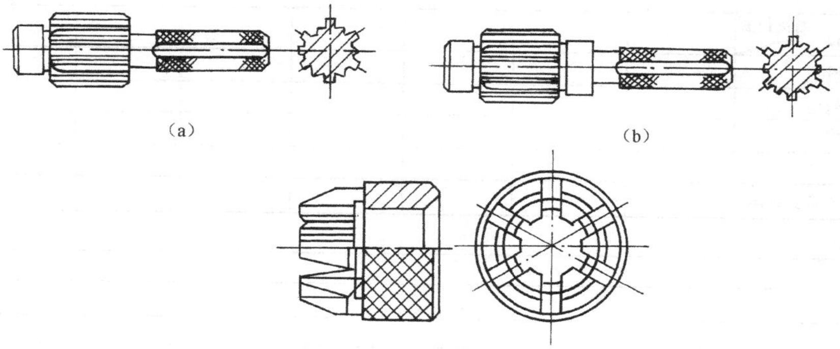

（a）　（b）　（c）

图 6.8　花键检验的专用量具

采用如图 6.8（a）所示的量具时，被测项目是以大径或槽侧定心的花键孔的位置误差（只有通规，没有止规，被检对象首先应经单项止规检查为不过）。

采用如图 6.8（b）所示的量具时，被测项目是以小径定心的花键孔的位置误差及小径（只有通规，没有止规，被检对象首先应经单项止规检查为不过）。

采用如图 6.8（c）所示的量具时，被测项目是花键轴的位置误差及花键轴的大径（只有通规，没有止规，被检对象应首先经单项止规检查为不过）。

4．注意事项

NOTICE 注意

① 用光学分度头检测矩形花键等分度时，应校验光学分度头与尾架是否对准中心线。

② 采用专用的量具测量花键时，被测工件应除去毛刺，才能测量。

6.2.4 测量与误差分析报告

花键测量与误差分析报告见表 6.3。

表 6.3 花键测量与误差分析报告

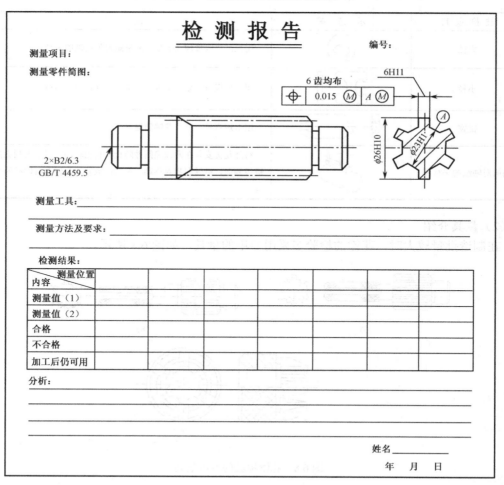

检 测 报 告

编号：

测量项目：

测量零件简图：

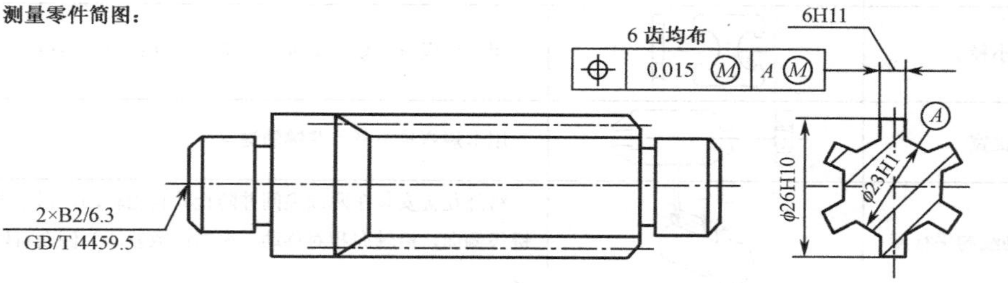

测量工具：

测量方法及要求：

检测结果：

测量位置 / 内容							
测量值（1）							
测量值（2）							
合格							
不合格							
加工后仍可用							

分析：

姓名________

年 月 日

习题 6

1．简述用光学分度头检测矩形花键等分度的测量步骤。

2．光学分度头能测量哪些参数?

3．简述光学分度头的基本工作原理。

第7章

螺纹的测量

螺纹件是各类机电产品中应用十分广泛的一种结合性零件。它主要用于连接各种机件，也可用来传递运动和载荷。随着现代制造技术的不断提高，螺纹的制造精度和互换性标准也随之相应提高。为确保连接的可靠性、稳定性、精确的位移以及有足够的强度，人们对螺纹测量精度与方法也提出了更高的要求。

7.1 课题1：三角形螺纹的测量

三角形螺纹的测量主要分外螺纹件（图 7.1）、内螺纹件（图 7.2）测量，下面分别进行具体介绍。

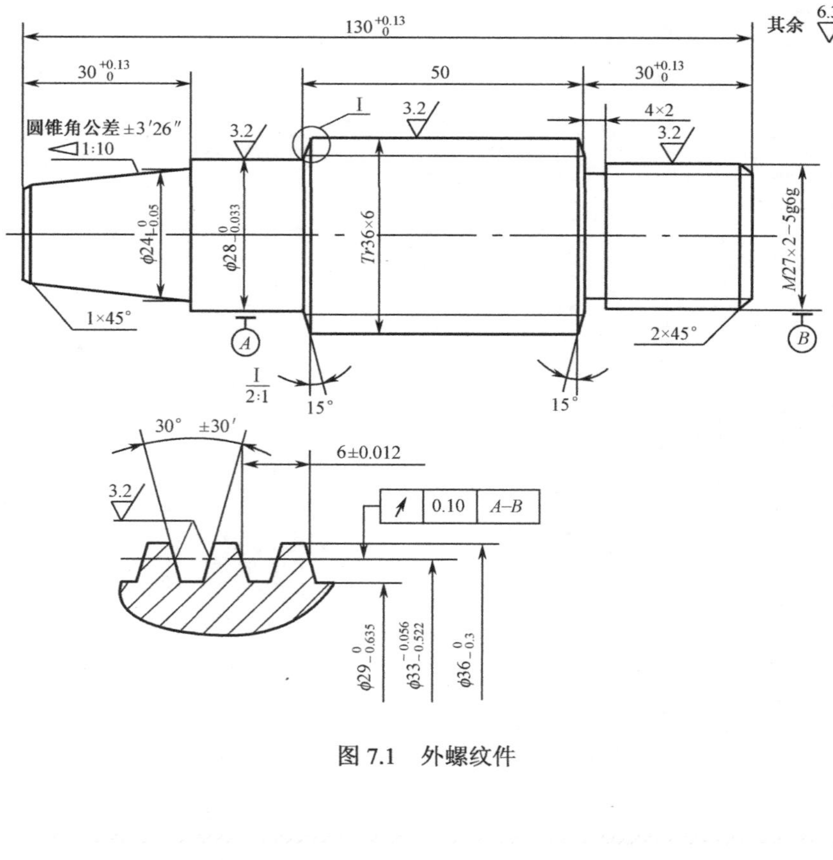

图 7.1　外螺纹件

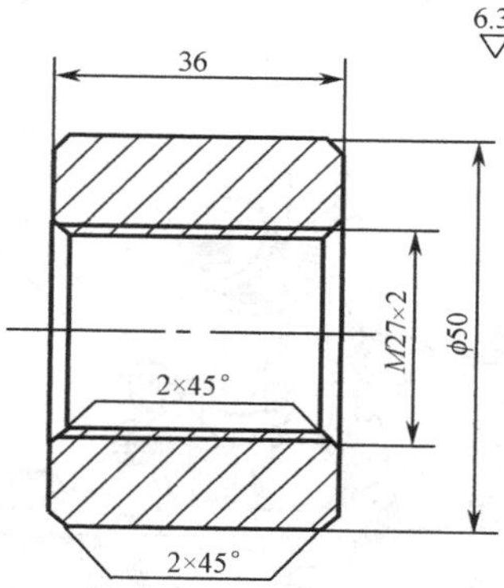

图 7.2　内螺纹件

7.1.1　用万能工具显微镜测量外螺纹的中径、牙形半角和螺距

1. 学习目的

① 了解万能工具显微镜的正确使用方法。
② 会测量内、外螺纹的中径、牙形半角和螺距。
③ 判定被测工件是否合格。

2. 量具与测量仪器的选用

① 万能工具显微镜。
② 调焦棒。
③ 零件盘。
④ 被测工件。
⑤ 全棉布数块。
⑥ 油石。
⑦ 汽油或无水酒精。
⑧ 防锈油。

3. 测量方法与测量步骤

（1）仪器介绍

万能工具显微镜如图 7.3 所示。

（2）工作原理

万能工具显微镜测量外螺纹中径、牙形半角和螺距，是以影像法来进行的。当光线投射后，将被测螺纹牙形轮廓放大投影成像于目镜中，用目镜中的虚线来瞄准轮廓影像，并通过该量仪的工作台纵向、横向标尺（相当于笛卡儿坐标系的 x、y 坐标）和角度示值目镜来实现。

万能工具显微镜的光学系统如图 7.4 所示。由光源 1 发出的光束经光阑 2、滤光片 3、反射镜 4、聚光镜 5 和玻璃工作台 6，将被测工件的轮廓经物镜组 7、反射棱镜 8 投影到目镜 10 的焦平面米字线分划板 9 上，从而在目镜 10 中观察到放大的轮廓影像，从角度示值目镜 11 中读取角度值。另外，也可以用反射光源照亮被测工件，以该工件的被测表面上的反射光线，经物镜组 7、反射棱镜 8 投影到目镜 10 的焦平面米字线分划板 9 上，同样在目镜 10 中观察到放大的轮廓影像。

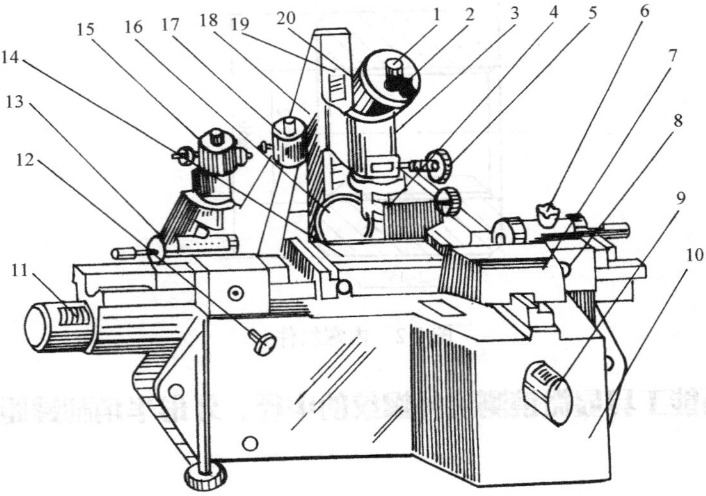

1—目镜；2—角度示值目镜及光源；3—锁紧螺钉；4—镜筒；5—立柱倾斜手轮；6—顶尖座；7—纵向滑台；8—纵向滑台锁紧轮；9—纵向微调；10—底座；11—横向微调；12—横向滑台锁紧轮；13—横向滑台；14—工作台；15—横向标尺；16—光阑；17—纵向标尺；18—升降手轮；19—立柱；20—米字线旋转手轮

图 7.3　万能工具显微镜

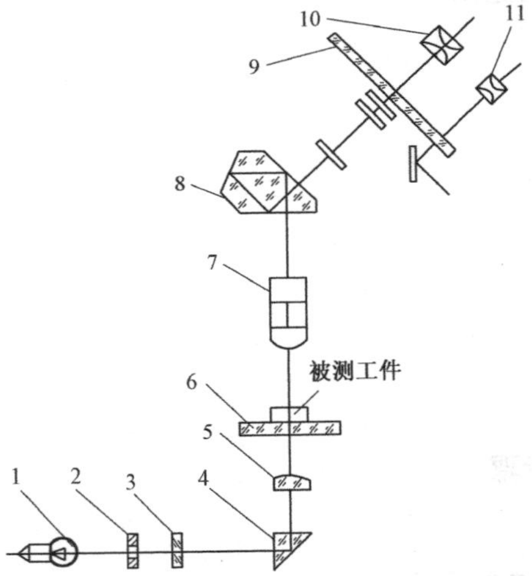

1—光源；2—光阑；3—滤光片；4—反射镜；5—聚光镜；6—玻璃工作台；7—物镜组；8—反射棱镜；9—米字线分划板；10—目镜；11—角度示值目镜

图 7.4　万能工具显微镜光学系统图

（3）操作步骤

STEP 步骤

① 如图 7.3 所示，接通电源，将被测螺纹件牢牢地安装在两个顶尖座 6 之间，把角度示值对准零位。

② 根据被测螺纹尺寸，按表 7.1 查出适宜的光阑直径，然后调好光阑的大小。

③ 调节目镜，转动目镜上的视度调节环，使视场中的米字线清晰，松开锁紧螺钉，旋转升降手轮，调整量仪的焦距，使被测轮廓影像清晰，然后旋紧锁紧螺钉。若要求严格，可用专用的调焦棒在两顶尖中心线的水平面内调焦，然后旋紧锁紧螺钉。

④ 瞄准。瞄准方法一般有两种：一种是压线法，如图 7.5（a）所示，米字线的中虚线 A—A 与牙形角轮廓影像的一个侧边重合，用于测量长度；另一种是对线法，如图 7.5（b）所示，米字线的中虚线 A—A 与牙形角轮廓影像的一个侧边间有一条宽度均匀的细缝，用于测量角度。

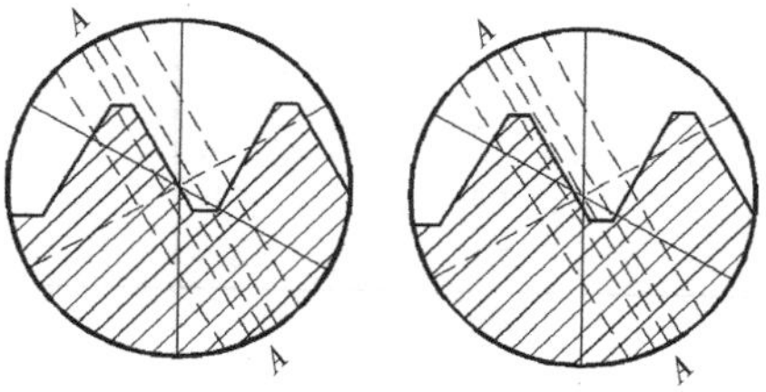

（a）压线法　　（b）对线法

图 7.5　瞄准方法

⑤ 测量外螺纹的主要几何参数。

a. 中径测量。对于单线螺纹，它的中径也等于在轴截面内，沿着与轴线垂直的方向量得的两个相对牙形侧面间的距离。

为了使轮廓影像清晰，须将立柱顺着螺旋线方向倾斜一个螺旋升角，因为在主显微镜垂直时，对螺纹的螺顶、螺根同时调整清楚是不可能的。因此，可用手轮将镜架按照螺纹平均升角调整倾斜。对影像的清晰度调整可用下列辅助方法借助微调整环进行：倾斜显微镜立柱，使螺纹两边同时清楚或同等模糊，再运用微调整环进行调整。

螺纹平均升角的计算如下：

$$\tan\psi = \frac{P}{\pi d_2}$$

式中，ψ——所求的倾斜角度，单位为°；

P——螺纹螺距，单位为 mm；

d_2——螺纹中径，单位为 mm。

立柱倾斜角度ϕ也可由表 7.2 查取。

表 7.1　光阑直径

被测工件直径（mm）	光阑直径（mm）		
	光滑圆柱体	牙形角	
		30°	60°
5	17.8	11.4	14.2
6	16.8	10.7	13.3
8	15.3	9.7	12.1
10	14.2	9.0	11.2
12	13.3	8.5	10.6

续表

被测工件直径（mm）	光阑直径（mm）		
	光滑圆柱体	牙形角	
		30°	60°
14	12.7	8.1	10.0
16	12.2	7.7	9.6
18	11.6	7.4	9.2
20	11.2	7.2	8.9
25	10.4	6.7	8.3
30	9.8	6.3	7.8
40	8.9	5.7	7.1
50	8.3	5.3	6.6
60	7.8	5.0	6.2
80	7.1	4.5	5.6
100	6.6	4.2	5.2
200	5.2	3.3	4.1

表 7.2 立柱倾斜角度ϕ（牙形角α=60°）

螺纹外径 d(mm)	10	12	14	16	20	18	22	24	27	30	36	42
螺距 P(mm)	1.5	1.75	2	2	2.5	2.5	2.5	3	3	3.5	4	4.5
立柱倾斜角度 ϕ	3° 01′	2° 56′	2° 52′	2° 29′	2° 27′	2° 47′	2° 13′	2° 27′	2° 10′	2° 17′	2° 10′	2° 07′

测量时，移动工作台，使目镜内米字线的中间虚线 $A—A$ 与被测螺纹轮廓的一边重合，如图 7.6（a）所示，并锁紧纵向移动，从而确定目镜与工件的位置，在横向读数机构上读出数值 A_1，实现用压线法测量螺纹中径的目的。然后横向（沿中径方向）移动工作台，使被测螺纹的另一边在目镜视场中出现，如图 7.6（a）中Ⅱ所示，再次利用压线法并读出第二次数值 A_2。A_1，A_2 两数之差即为被测螺纹的实际中径 d_2。为了消除安装误差（螺纹轴线与测量轴线的不重合）对螺纹测量结果的影响，应在左、右两侧面分别测出$d_{2左}$、$d_{2右}$，如图 7.6（b）所示，取其平均值作为中径的实际尺寸 d_2，即

$$d_2 = \frac{d_{2左} + d_{2右}}{2}$$

b. 牙形半角测量。测量牙形半角时，可先将测角目镜中的示值调至 0° 0′（此时米字线的中间虚线 $A—A$ 与工作台的纵向导轨即测量轴线垂直）；然后移动工作台，并使米字线中心位于牙高中部的轮廓附近，转动米字线分划板按钮，使目镜内米字线中间的 $A—A$ 虚线与被测螺纹角边保留一条宽度均匀的窄缝，如图 7.5（b）所示，此时，测角目镜中的示值即为该侧边牙形半角的实际值，如图 7.7 所示。

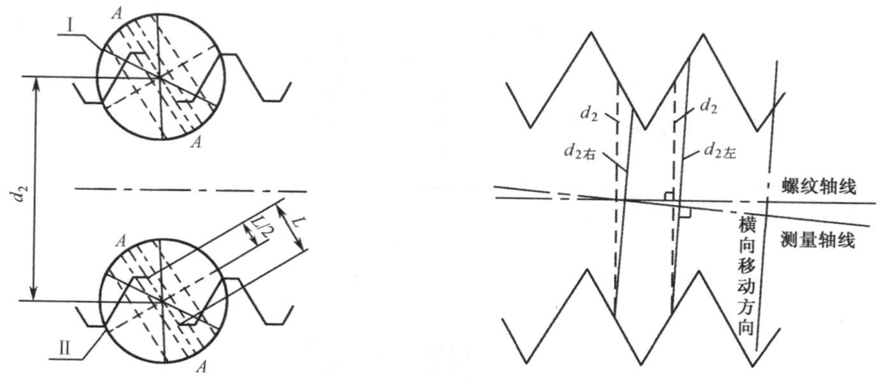

图 7.6 外螺纹中径测量

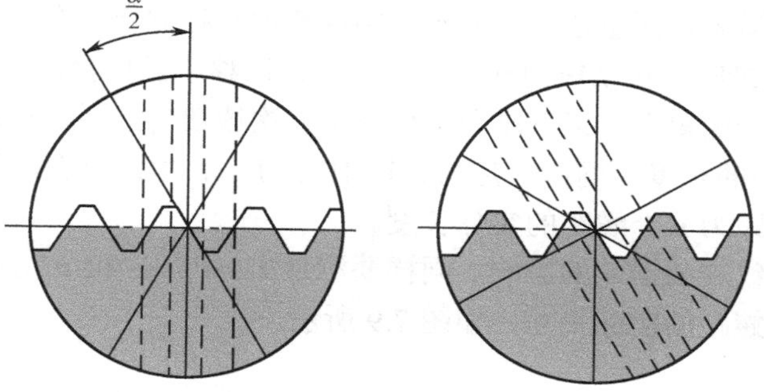

图 7.7 外螺纹牙形半角测量

为了消除安装误差对测量结果的影响，应在螺纹上方牙厚和下方牙槽的左、右侧面分别测出 $(\frac{\alpha}{2})_1$，$(\frac{\alpha}{2})_2$，$(\frac{\alpha}{2})_3$，$(\frac{\alpha}{2})_4$，如图 7.8 所示。实际左、右牙形半角为

$$\frac{\alpha_{左}}{2}=\frac{1}{2}\left[(\frac{\alpha}{2})_1+(\frac{\alpha}{2})_4\right]$$

$$\frac{\alpha_{右}}{2}=\frac{1}{2}\left[(\frac{\alpha}{2})_2+(\frac{\alpha}{2})_3\right]$$

则实际左、右牙形半角偏差为

$$\Delta_{\frac{\alpha_{左}}{2}}=\frac{\alpha_{左}}{2}-\frac{\alpha}{2}$$

$$\Delta_{\frac{\alpha_{右}}{2}}=\frac{\alpha_{右}}{2}-\frac{\alpha}{2}$$

牙形半角偏差为

$$\Delta_{\frac{\alpha}{2}}=\frac{1}{2}(|\Delta_{\frac{\alpha_{左}}{2}}|+|\Delta_{\frac{\alpha_{右}}{2}}|)$$

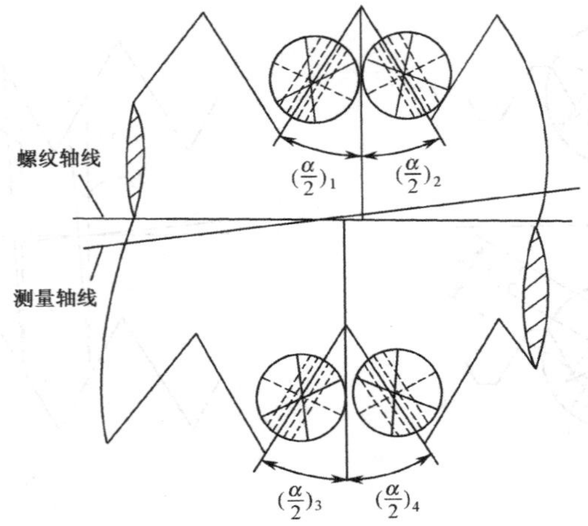

图 7.8　外螺纹左、右牙形半角测量

为了使轮廓影像清晰，测量牙形半角时，同样要使立柱倾斜一个螺旋升角ϕ。

c. 螺距测量。测量时，转动纵向和横向千分尺，以移动工作台，利用目镜中的 *A—A* 虚线与螺纹投影牙形的一侧重合，记下纵向千分尺第一次读数。然后，移动纵向工作台，使牙形纵向移动 n 个螺距的长度，同侧牙形与目镜中的 *A—A* 虚线重合，记下千分尺第二次读数。两次读数之差，即为 n 个螺距的实际长度。

为了消除被测螺纹安装误差的影响，同样要测量出 $nP_{左（实）}$ 和 $nP_{右（实）}$。然后，取它们的平均值作为螺纹 n 个螺距的实际尺寸，如图 7.9 所示。

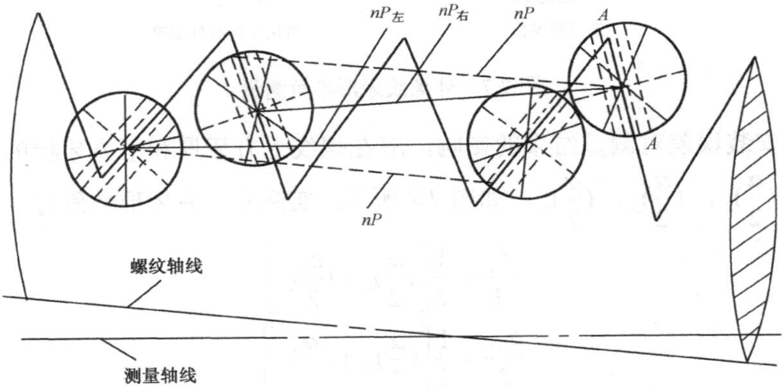

图 7.9　外螺纹螺距测量

$$nP_{实}=\frac{nP_{左（实）}+nP_{右（实）}}{2}$$

n 个螺距的累积偏差为

$$\Delta P=nP_{实}-nP$$

4．注意事项

NOTICE　注意

① 为确保被测工件轴线与两顶尖孔轴线一致，两端中心孔内应注意擦净杂物。

② 测量中径时要注意是否有虚影出现，出现虚影应注意立柱倾斜角度是否正确。
③ 压紧力应适度，否则会出现轴向间隙，影响测量精度。
④ 测刀与被测工件表面的油应擦净，否则会影响测量结果。

LINK 知识链接

● **用螺纹千分尺测量外螺纹中径的方法**

螺纹千分尺是另一种可以用于测量外螺纹中径的量具，螺纹千分尺的构造和外径千分尺的构造基本一致，不同的是螺纹千分尺的测头应该和被测螺纹牙形相吻合。固定测头的一端为 V 形，以使其与螺纹牙尖吻合；活动测头的一端为圆锥形，以便和牙槽吻合，一把螺纹千分尺配备一套测量头。测量时根据被测螺纹的螺距，选取一对测量头；擦净仪器和被测螺纹，校正螺纹千分尺零位；将被测螺纹放入两测量头之间，找正中径部位；分别在同一截面相互垂直的两个方向上测量螺纹中径；取它们的平均值作为螺纹的实际中径，然后判断被测螺纹中径的适用性。此方法方便、简单，是生产车间测量低精度外螺纹常用的测量方法。螺纹千分尺如图 7.10 所示。

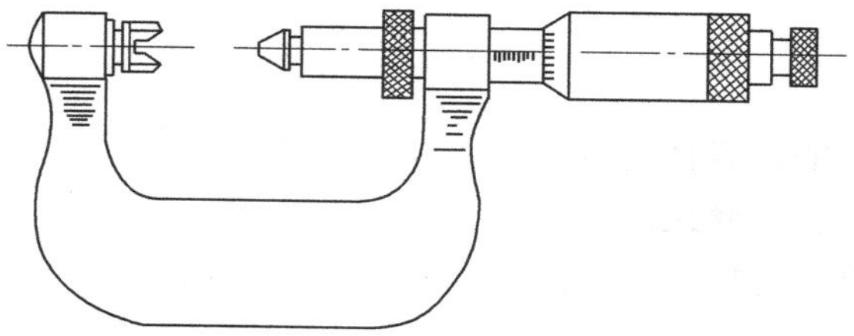

图 7.10 螺纹千分尺

● **用三针测量外螺纹中径的操作方法**

三针是另一种可以用于测量外螺纹中径的量具。测量时，三根直径相等的量针（简称三针）放在被测螺纹两边的沟槽内，如图 7.11 所示。其中两根放在同侧相邻的沟槽内（对单线螺纹），另一根放在对面与相邻沟槽对应的中间沟槽内，用计量器具测出三针的外廓尺寸 M。测量时，应尽量选用最佳量针，使量针在中径线上与牙面接触，这样可避免牙形半角偏差对测量结果的影响。最佳量针的直径计算公式为

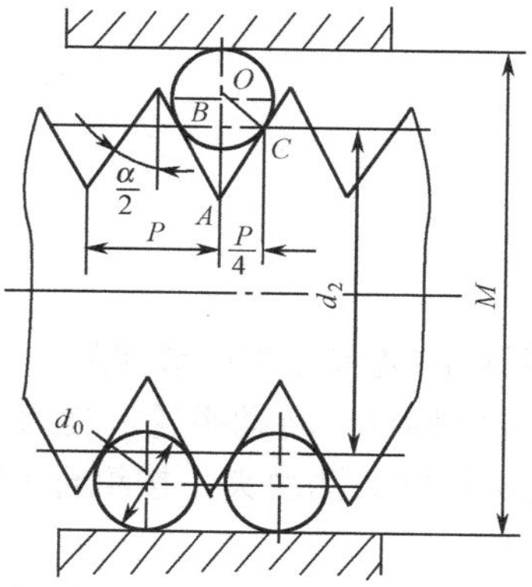

图 7.11 三针法测量

$$d_0 = \frac{P}{2\cos\frac{\alpha}{2}}$$

根据已知螺距 P、牙形半角 $\frac{\alpha}{2}$ 及量针直径 d_0，按几何关系可求出单一中径 d_{2s} 的计算公式为

$$d_{2s}=M-3d_0+0.866P$$

三针法测量的精度主要取决于选用的三针的尺寸和所用仪器的精度。常用的仪器有千分尺或杠杆千分尺、测长仪、机械比较仪和光学计。测量时根据被测螺纹的螺距，计算并选择最佳量针直径 d_0；在尺座上安装好杠杆千分尺和三针；擦净仪器和被测螺纹，校正仪器零位；将三针放入螺纹牙槽中，旋转杠杆千分尺的微分筒，使两端测量头与三针接触，然后读出尺寸 M 的数值；在同一截面相互垂直的两个方向上测出尺寸 M，并按平均值用公式计算螺纹中径，然后判断螺纹中径的适用性。

7.1.2 用万能测长仪测量内螺纹的中径、螺距

1．学习目的

① 了解万能测长仪的正确使用方法。
② 测量内螺纹的中径、螺距。
③ 判定被测工件是否合格。

2．量具与测量仪器的选用

① 万能测长仪。
② 球形测头、测钩、V形铁。
③ 零件盘一只。
④ 被测工件。
⑤ 全棉布数块。
⑥ 油石。
⑦ 汽油或无水酒精。
⑧ 防锈油。

3．测量方法与测量步骤

（1）中径测量

STEP 步骤

① 接通测长仪电源，转动目镜的调节环来调节视度。

② 松开工作台升降手轮的固定螺钉，转动手轮，使万能工作台下降到最低位置，然后把具有确定内尺寸和装有量块的标准螺纹测块夹，按组合方式一或组合方式二，安放在工作台上，如图7.12所示。

③ 将一对测钩分别安装在万能测长仪测量轴和尾座上。沿轴向移动测量轴和尾座，使这一对测钩头部的凸楔、凹楔相对齐。然后，旋紧两个测钩上的螺钉，将它们分别固定。

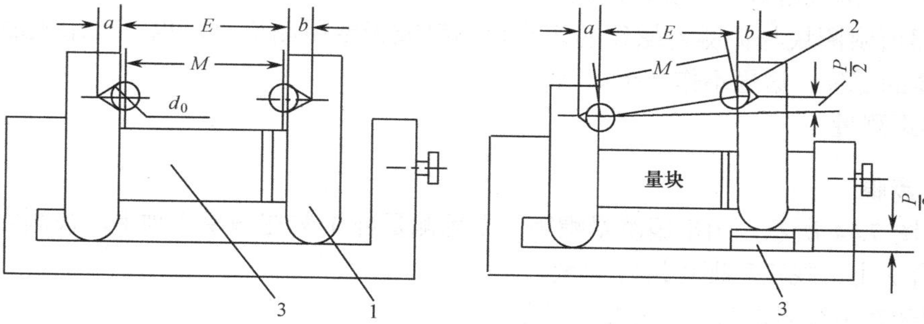

(a) 组合方式一　　(b) 组合方式二

1—测块；2—测球；3—量块

图 7.12　内螺纹中径测量

④ 转动升降手轮，使万能工作台上升，同时使两个测钩伸入标准螺纹测块夹中，然后将升降手轮的固定螺钉拧紧。

⑤ 移动尾座，转动横向移动手轮使工作台横向移动，从而使两测钩的测球分别与两测块的缺口相切，用尾座紧固螺钉锁紧尾座，记下测长仪的读数。

⑥ 取下测块组，把被测内螺纹放在浮动工作台上，使两测钩上的测球与相应的牙槽相切，如图 7.13 所示。此时，测长仪的读数与调零位时的读数之差，即为被测螺纹的中径偏差 ΔD_2。

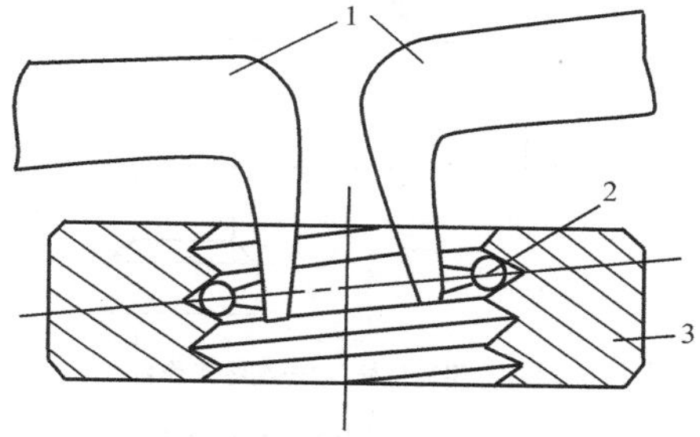

1—测钩；2—测球；3—内螺纹

图 7.13　用测钩测量内螺纹中径

组合量块的尺寸 E_1 或 E_2 可分别按以下公式计算：

$$E_1 = D_2 + \frac{P}{2}\cos\frac{\alpha}{2} + \frac{P^2}{8\left(D_2 + \frac{P}{2}\cos\frac{\alpha}{2} - \frac{d_0}{\sin\frac{\alpha}{2}}\right)} - (a+b)$$

$$E_2 = D_2 + \frac{P}{2}\cos\frac{\alpha}{2} - (a+b)$$

式中，D_2——被测内螺纹的公称中径；

P——被测内螺纹的螺距；

$\frac{\alpha}{2}$——被测内螺纹的牙形半角，即专用测块 V 形缺口的半角；

$a+b$——测块常数（已标在测块上）。

当仪器所附测块与被测内螺纹的牙形角不符或无专用测块时，也可以用光面标准环规来调整仪器的零位。这里不作介绍。

（2）螺距测量

STEP 步骤

① 如图 7.14 所示，用电眼测量螺距。专用测量杆 1 装在测量主轴上，被测内螺纹装在绝缘工作台 2 上，找正后即可进行测量。

② 测球在中径附近与某一侧螺牙接触。

③ 当电眼闪烁时，由读数显微镜读取第一次读数。

④ 测量杆移动至相邻螺牙，读取第二次读数。

⑤ 两次读数之差即为螺距。两次读数时应保持横向位置不变。

⑥ 为了消除由于被测内螺纹轴线与测量轴线不平行而引起的误差，应在左、右牙侧面各测一次，并取其算术平均值作为实际螺距。

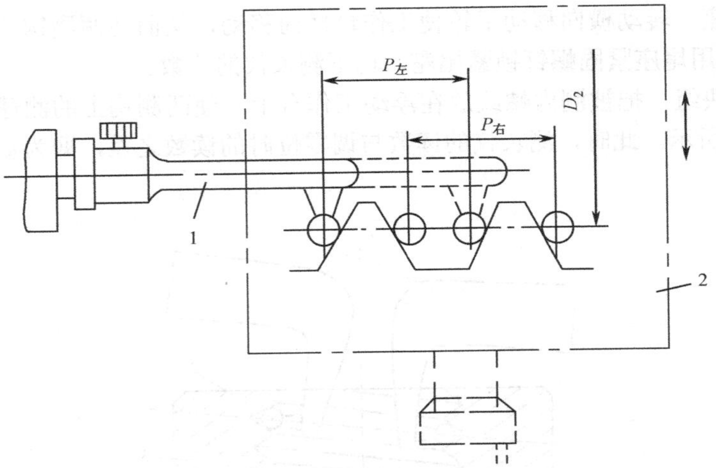

1—专用测量杆；2—绝缘工作台

图 7.14　用电眼测量螺距

（3）注意事项

NOTICE 注意

① 测量中径时，要注意两测钩的测球分别与两侧的缺口相切并完全接触。

② 测量中径时，测块要固定好，并调好极值点。

③ 利用电眼测量螺距时，应做到轻轻接触。

7.1.3　测量与误差分析报告

螺纹测量与误差分析报告见表 7.3。

表 7.3　螺纹测量与误差分析报告

检 测 报 告

编号：

测量项目：

测量零件简图：

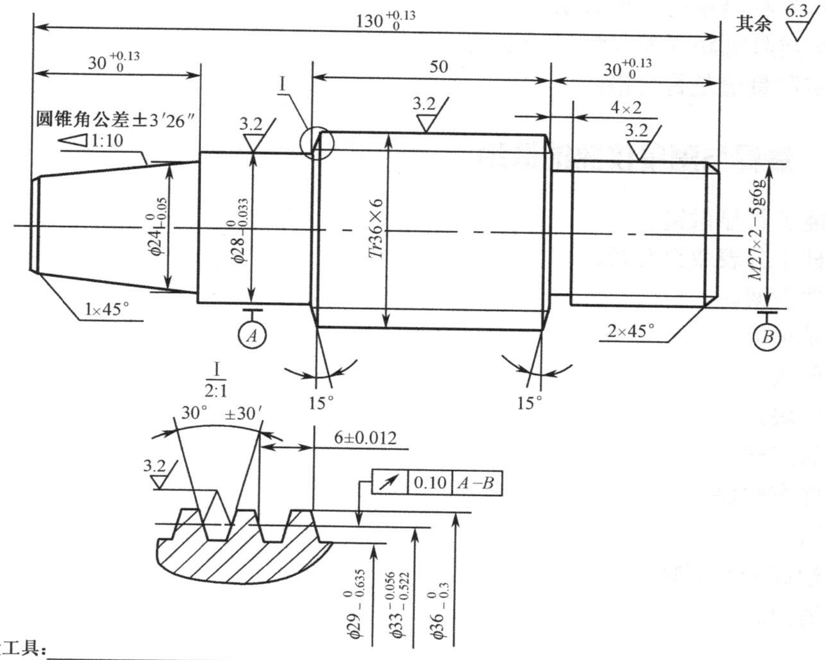

测量工具：

测量方法及要求：

检测结果：

测量位置 / 内容							
测量值（1）							
测量值（2）							
合格							
不合格							
加工后仍可用							

分析：

姓名

年　月　日

7.2 课题2：丝杠的测量

7.2.1 学习目的

① 掌握丝杠测量的常用方法。
② 测量丝杠螺距误差和螺旋线误差。
③ 判定测量值是否合格。

7.2.2 量具与测量仪器的选用

① 万能工具显微镜。
② 杠杆千分表或百分表。
③ 磁性表架。
④ 测量平板。
⑤ V 形铁。
⑥ 定位块。
⑦ 被测工件。
⑧ 全棉布数块。
⑨ 油石。
⑩ 汽油或无水酒精。
⑪ 防锈油。

7.2.3 测量方法与测量步骤

丝杠的作用是将角位移变为直线位移，因此螺距误差和螺旋线误差是丝杠测量的主要项目。

对于长度小于 700mm，精度等级为 7、8、9 级的丝杠的螺距偏差和螺距累积偏差，通常可采用将工件安装在万能工具显微镜的两个顶尖之间，用灵敏杠杆的方法进行测量。而当丝杠长度大于 700mm 时，则须安装在仪器的两个 V 形座上，且两 V 形座应支承在离丝杠两端各为全长的 2/9 处，并应分段进行测量。如图 7.15（a）所示，将工作台移至极右位置，用米字线与被测丝杠 2 左端第一个螺牙的侧边相压（*A* 点），此时纵向示值为零。然后逐牙测至 *B* 点，如图 7.15（b)所示。再将工作台移至极右位置，而把丝杠向左移动约 200mm，如图 7.15（c）所示，用米字线对准 *B* 点所在的螺纹牙侧。此时，示值尾数应与原 *B* 点的示值尾数相同。然后，逐牙测至 *C* 点，如图 7.15（d）所示。如此即可测完全长。

测量时，将光学灵敏杠杆的测头与起始螺牙侧面的中部接触，对中后记下纵向读数，然后，灵敏杠杆的测头依次与各螺牙同侧面的对应点相接触、对中，读取纵向读数。

通常应在两个相互垂直的轴向截面内测量，还可在每个轴向截面内进行两次测量，并取两次测量结果的算术平均值计算螺距偏差。

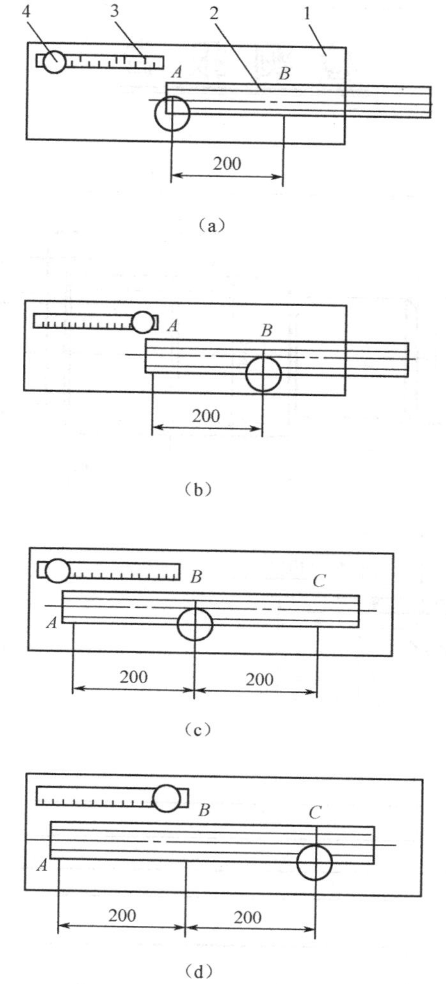

1—工作台；2—丝杠；3— 纵向标尺；4—读数显微镜

图 7.15　丝杠测量

7.2.4　测量与误差分析报告

丝杠测量与误差分析报告见表 7.4。

表 7.4　丝杠测量与误差分析报告

检 测 报 告

编号：

测量项目：

测量零件简图：

其余 6.3

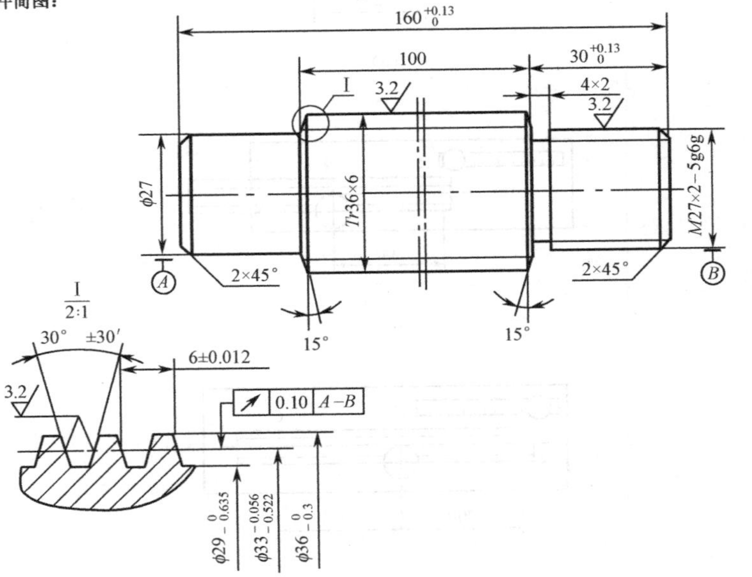

测量工具：

测量方法及要求：

检测结果：

测量位置 / 内容							
测量值（1）							
测量值（2）							
合格							
不合格							
加工后仍可用							

分析：

姓名＿＿＿＿＿

年　月　日

习题 7

1．螺纹量规的通端和止端有什么不同？

2．螺纹单一中径的测量方法有哪些？

3．最佳量针的含义是什么？怎样根据被测螺纹的规格及精度选择量针的直径和精度？

4．在工具显微镜上怎样测量螺纹的中径、牙形半角和螺距？为了消除安装误差的影响，应采取什么措施？

5．影像法与三针法测量螺纹中径的结果有何差异？它们各有何优缺点？

6．螺纹止规的螺纹圈数只有 2～3 圈，无法安装三根量针来进行测量。在这种情况下，如何运用实验的测量原理来测量止规螺纹的单一中径？

第8章

盘类零件的测量

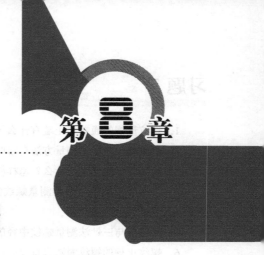

8.1 课题1：齿轮齿距偏差与齿距累积误差的测量

8.1.1 学习目的

① 熟悉测量齿轮齿距偏差与齿距累积误差的方法。

② 加深理解齿距偏差与齿距累积误差的定义。

8.1.2 量具与测量仪器的选用

① 齿轮齿距仪。

② 测量平板。

③ 被测工件。

④ 全棉布数块。

⑤ 油石。

⑥ 汽油或无水酒精。

⑦ 防锈油。

8.1.3 测量方法与测量步骤

1. 仪器介绍

齿距偏差与齿距累积误差的测量采用的是相对测量法。齿轮齿距仪用于检验 7 级及低于 7 级精度的内、外啮合直齿斜齿圆柱齿轮的齿距偏差。仪器指示表的示值有 0.005mm 和 0.001mm 两种，被测齿轮模数范围为 2～16mm，以齿顶圆作为测量基准。齿距仪外形如图 8.1 所示。

2. 工作原理

齿轮齿距是齿轮圆上两相邻齿同侧齿间的弧长。仪器工作时以齿顶圆为定位基准，用相对法测量。测量时，仪器的测量爪应接触在齿轮分度圆上（或齿高中部）两相邻对应齿廓上。以任何一个齿距调整仪器对零，然后沿整个齿圈依次测量其他齿距与第一个作为基准的齿距比较后的差值，最后进行数据处理，便可得到齿轮的齿距累积误差和齿距偏差。

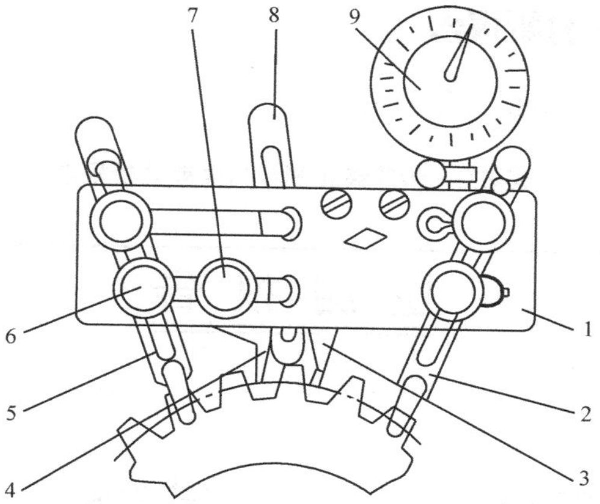

1—尺架；2，5，8—调整定位杆；3，4—测量爪；6，7—固紧螺钉；9—指示表

图 8.1　齿距仪外形

3．测量步骤

STEP 步骤

① 调整固定量爪工作位置。按被测齿轮模数的大小移动固定测量爪 4，使其上的刻线与仪器上相应模数的刻线对齐，并用固紧螺钉 7 固定。

② 调整定位杆的工作位置。调整定位杆 2、5，使其与齿顶圆接触，并使测量头位于分度圆（或齿高中部）附近，然后固定各定位杆。调节端面定位杆，使其与齿轮端面相接触，用螺钉紧固。

③ 测量。以被测齿轮任意一个齿距作为基准齿距进行测量，观察千分表示值，然后将仪器测量头稍微移开齿轮，再使它们重新接触，经数次反复测量，待示值稳定后，调整千分表对准零位。

逐齿测量各齿距的相对偏差，填入表 8.1 中。然后用计算法处理测量数据，将计算后的数据也填入表 8.1 中。

表 8.1　测量及计算数据

序　　号	相对齿距偏差 $\Delta f_{P_t\text{相对}}$	相对齿距累积偏差 $\Delta f_{P\text{相对}}$	序号与平均偏差乘积 $n\Delta$	绝对齿距累积偏差 $\Delta f_{P\text{绝对}}$	各齿绝对齿距偏差 $(\Delta f_{P_t})_n$
1	2	3	4	5	6

填表说明：

① 第 1 列中的序号即为齿数号。

② 仪器测得的 $\Delta f_{P_t\text{相对}}$ 填入第 2 列。

③ 根据测得值算出各齿相对齿距累积误差（$\Sigma\Delta f_{P_t\text{相对}}$），填入第 3 列。

④ 计算基准齿距的偏差 $\varDelta=\sum\Delta f_{P_t\text{相对}}/Z$。然后分别计算序号与 $\varDelta$ 的乘积，填入第 4 列。

⑤ 计算各齿的绝对齿距累积偏差 $\Delta f_{P\text{绝对}}$，即表中第 3 列减第 4 列，$\Delta f_{P\text{绝对}}=\sum f_{P_t\text{相对}}-\varDelta$，计算结果填入第 5 列。

⑥ 计算各齿齿距偏差 $(\Delta f_{P_t})_n$，即表中第 2 列减去 $\varDelta$ 值，$(\Delta f_{P_t})_n=f_{P_t\text{相对}}-\varDelta$，结果填入第 6 列。

⑦ 结论

a. 该齿轮的齿距累积误差 Δf_P 为最大的绝对齿距累积偏差减最小的绝对齿距累积偏差，即

$$\Delta f_P=(\Delta f_{P\text{绝对}})_{\max}-(\Delta f_{P\text{绝对}})_{\min}$$

b. 该齿轮的齿距偏差 Δf_{P_t} 就是表格第 6 列中各齿绝对齿距偏差中绝对值最大的那个偏差。

8.1.4 测量与误差分析报告

齿轮齿距测量与误差分析报告见表8.2。

表8.2 齿轮齿距测量与误差分析报告

检 测 报 告

编号：

测量项目：

测量零件简图：

模数	m	3
齿数	z	30
精度等级	BHK GB1009–88	
配偶齿轮 件号	01010	
配偶齿轮 齿数	z	58
检验项目		

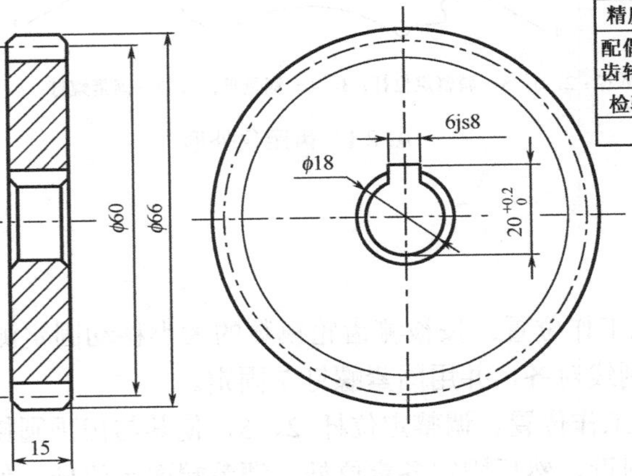

测量工具：

测量方法及要求：

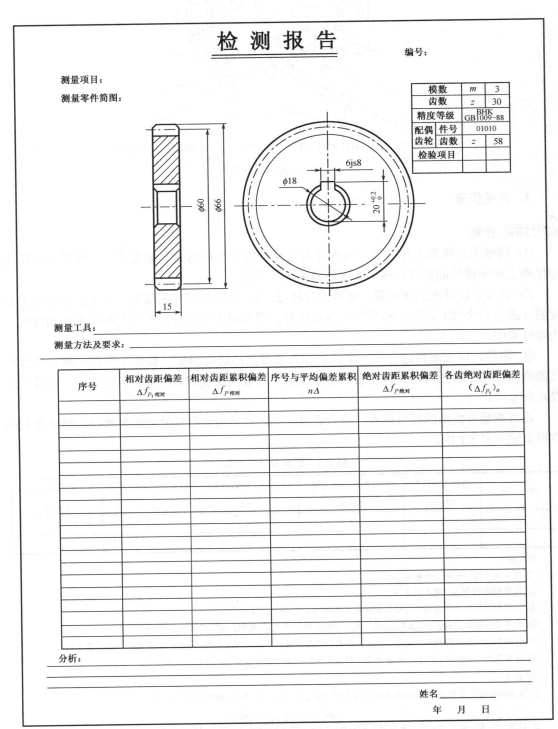

序号	相对齿距偏差 $\Delta f_{P_t相对}$	相对齿距累积偏差 $\Delta f_{P相对}$	序号与平均偏差累积 $n\Delta$	绝对齿距累积偏差 $\Delta f_{P绝对}$	各齿绝对齿距偏差 $(\Delta f_{P_t})_n$

分析：

姓名

年 月 日

8.2 课题 2：基节偏差的测量

8.2.1 学习目的

① 掌握测量齿轮基节偏差的方法。
② 加深对基节偏差定义的理解。

8.2.2 量具与测量仪器的选用

① 齿轮基节检查仪。
② 测量平板。
③ 被测工件。
④ 全棉布数块。
⑤ 油石。
⑥ 汽油或无水酒精。
⑦ 防锈油。

8.2.3 测量方法与测量步骤

1. 仪器介绍

基节偏差测量采用的是相对测量法。齿轮基节检查仪（基节仪）用来检验直齿及斜齿的外啮合圆柱齿轮的基节偏差。基节仪有手持式和台式两种，如图 8.2 所示为手持切线接触式基节仪的一种。它是利用基节仪与量块比较进行测量的，其分度值为 0.001mm，可测量模数为 2～16mm 的齿轮。

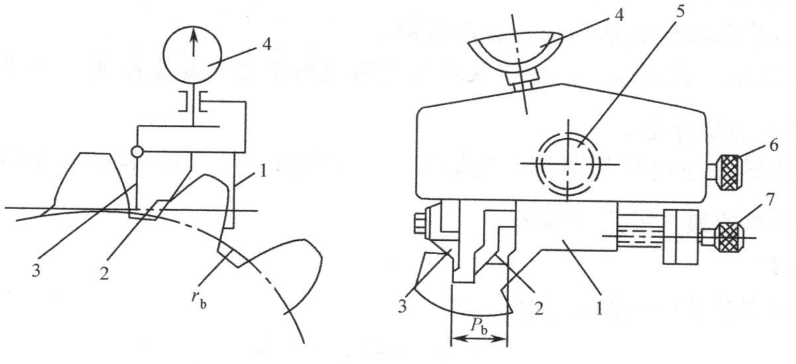

1—固定量爪；2—辅助支承爪；3—活动量爪；4—指示表；
5—固定量爪锁紧螺钉；6—固定量爪调节螺钉；7—辅助支承爪调节螺钉

图 8.2　手持切线接触式基节仪

2. 测量原理

（1）基节、基节偏差的定义

基节是指基圆柱切平面所截两相邻同侧齿面的交线之间的法向距离。基节偏差Δf_{P_b} 是指实际基节与公称基节之差。基节偏差使齿轮在啮合过渡的一瞬间发生冲击，影响了传动的平稳性。

（2）原理

根据基节的定义，测量基节的仪器或量具的测量头同两齿面接触点的连线应是齿面的法线，或者说，应等于一齿廓到相邻齿廓切平面的最短距离。本实验用的基节检查仪，利用一个与齿廓相切的测量面以及一沿齿面摆动的测量触头量得两者之间的最小距离，从而反映出基节偏差，测量的方法是采用相对测量法。

3．测量步骤

（1）仪器的调整

① 组合一组量块，使其尺寸等于被测齿轮的公称基节 P_b 值。公称基节的计算公式为

$$P_b=\pi m_n\cos\alpha_n$$

式中，m_n——法向模数；

α_n——法向压力角。

当 $\alpha_n=20°$ 时，$P_b=2.9521m_n$。

② 组成所需尺寸后，在其两端研上校对块，一起放在块规座内并锁紧。

③ 选择合适的测头装在仪器上。借助块规座的组合量块，调整基节仪固定量爪和活动量爪的位置，使指示表指针在示值范围内对零。接着固紧螺钉，再旋动测微表上的微调螺钉进行调整，使指针对准零位。

（2）测量

将调好的仪器置于轮齿上，即辅助支承爪及固定量爪跨压在被测齿上，活动量爪与另一齿面相接触，将仪器来回摆动，指示表上的转折点即为被测齿轮的基节偏差值 Δf_{P_b}。

NOTICE 注意

① 测量时应认真调整辅助支承爪与固定量爪的距离，以保证固定量爪靠近齿顶部位与齿面相切，活动量爪靠近齿根部位与齿面接触。

② 在基节偏差测量过程中，基节仪零位会因使用不当而发生改变，应随时注意校对。

（3）实验要求及数据处理

对一被测齿轮逐齿进行基节偏差的测量，并记录数值。该齿轮的基节偏差 Δf_{P_b} 就是各齿基节偏差中绝对值最大的那个偏差。

（4）合格条件

基节偏差应在基节极限偏差之内，即

$$-f_{P_b}\leqslant \Delta f_{P_b}\leqslant +f_{P_b}$$

8.2.4 测量与误差分析报告

齿轮基节测量与误差分析报告见表 8.3。

表 8.3　齿轮基节测量与误差分析报告

检 测 报 告

编号：

测量项目：

测量零件简图：

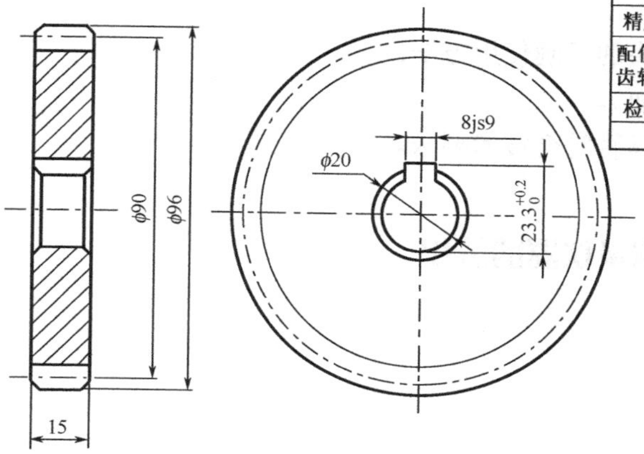

模数	m	3
齿数	z	30
精度等级	BHK GB1009—88	
配偶齿轮 件号	01010	
配偶齿轮 齿数	z	58
检验项目		

测量工具：

测量方法及要求：

检测结果：

内容 \ 测量位置							
测量值（1）							
测量值（2）							
合格							
不合格							
加工后仍可用							

分析：

姓名＿＿＿＿＿

年　月　日

8.3 课题3：凸轮（曲面）的测量

凸轮（曲面）的测量是经常接触到的轮廓形状的测量，目前可用三坐标测量。常规测量较复杂，但无论多复杂，都可以将其分解为点、线、面进行处理。该项测量，根据形状可分为非整圆弧的测量与交点尺寸的测量。下面分别予以介绍。

8.3.1 学习目的

① 了解光学分度头的正确使用方法。
② 测量凸轮（曲面）。
③ 判定被测工件是否符合技术要求。

8.3.2 量具与测量仪器的选用

① 光学分度头。
② 长量程百分表。
③ 磁性表架。
④ 零件盘一只。
⑤ 被测工件。
⑥ 全棉布数块。
⑦ 油石。
⑧ 汽油或无水酒精。
⑨ 防锈油。

8.3.3 测量方法与测量步骤

1. 工作原理

凸轮测量装置由光学分度头和安装在万能工具显微镜导轨上的长量程百分表与磁性表架组成，如图8.3所示，图中4为尾座，3为凸轮轴上的圆盘凸轮。其工作原理是在光学分度头的读数显微镜中读取转过的角度值，在长量程百分表上读取相应的升程值。通过数据分析，获得轮廓正确的升程。

2. 测量步骤

STEP 步骤

① 采用鸡心夹头将被测凸轮轴装夹在已经调整好的光学分度头顶尖和尾座顶尖之间，指示表引向凸轮，并使表头与接近凸轮的表面某一位置相接触，如图8.3所示。

② 将分度头主轴上的外活动度盘转到零度，再将指示表调零。

③ 根据精度需要确定分度角值，在一周内，分度头每转过一个角度（或进行一次分度），记录从指示表上读取的相应点的数值。

④ 进行数据处理并作出合格性判断。

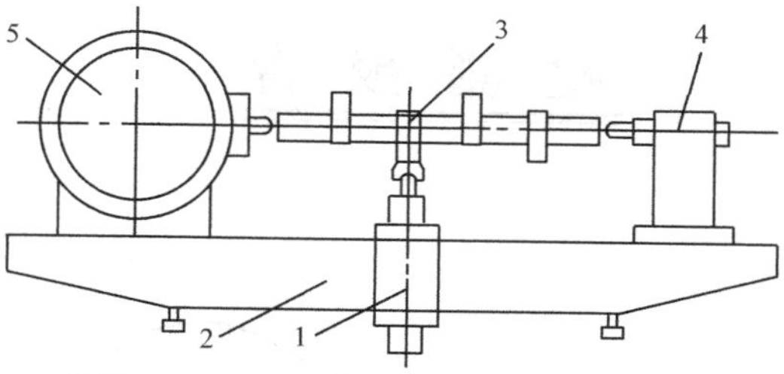

1—长量程百分表与磁性表架；2—万能工具显微镜导轨；
3—圆盘凸轮；4—尾座；5—光学分度头

图 8.3　凸轮测量装置

a. 凸轮最高点的确定。凸轮最高点是测量凸轮升程和凸轮轴上各凸轮相位角的基准点。确定方法如下。

- 转折点法：在凸轮最高点附近，直接找升程的转折点。这种方法简便，但由于最高点处升程变化率很小，通常在 1° 范围内仅有 0.005mm 的变化，所以测量准确度是很低的，只能用于低准确度测量。
- 对称点法：在凸轮最高点两侧取若干组升程值相同的对称点，这些对称点的角平分线的平均值，即为凸轮最高点位置。

b. 升程测量。

- 测量前，应采用鸡心夹头将被测凸轮轴装夹在已经调整好的光学分度头顶尖和尾座顶尖之间，使凸轮轴与光学分度头一起转动，长量程百分表的测量头与凸轮轮廓面保持接触。
- 测量时，转动凸轮轴，在光学分度头的读数显微镜中读取转过的角度值，在长量程百分表上读取相应的升程值。
- 测量数据与理论升程值对照，即可得出升程误差和相邻误差。

8.3.4　测量与误差分析报告

凸轮的测量与误差分析报告见表 8.4。

表 8.4　凸轮的测量与误差分析报告

检 测 报 告

编号：

测量项目：

测量零件简图：

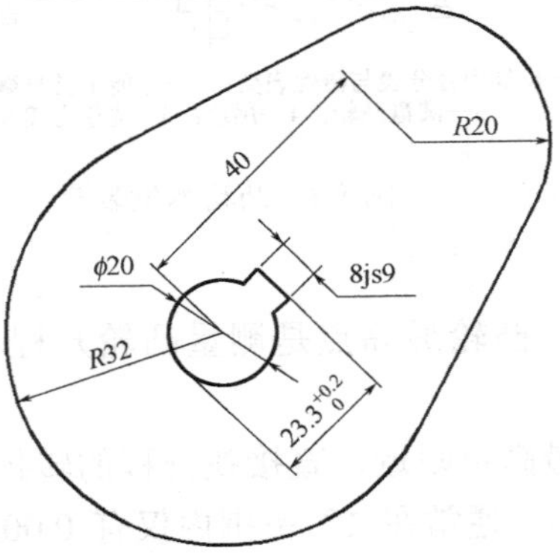

测量工具：______

测量方法及要求：______

检测结果：

测量位置 / 内容						
测量值（1）						
测量值（2）						
合格						
不合格						
加工后仍可用						

分析：______

姓名______

年　月　日

8.4 课题 4：样板的测量

8.4.1 用万能工具显微镜测量样板

1. 学习目的

① 了解测量样板的常用仪器及正确使用方法。
② 测量样板的实际尺寸（图 8.4）。
③ 判断测量尺寸是否合格。

2. 量具与测量仪器的选用

① 万能工具显微镜。
② 被测工件。
③ 全棉布数块。
④ 油石。
⑤ 汽油或无水酒精。
⑥ 防锈油。

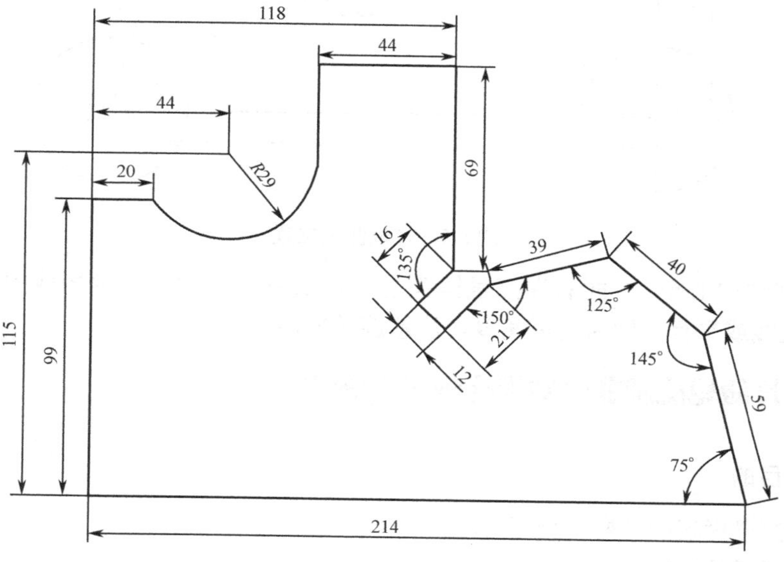

图 8.4　被测样板

3. 测量方法与测量步骤

（1）工作原理

万能工具显微镜影像法测量，是利用中央显微镜的米字线分划板进行瞄准的，并在读数装置上读出读数，然后移动工作台，进行第二次瞄准并读数。由于样板放在工作台上，并与工作台一起移动，因此，读数装置上两次读数的差值，即为工件的被测尺寸。

（2）操作步骤

STEP 步骤

① 测量前，仔细清洗样板并在实验室中预放适当时间，以保证测量精度稳定、可靠。

② 调焦方法。首先进行目镜视度调节，即先进行在目镜视场里能观察到清晰的米字刻线像的调节，可通过目镜视度圈调节；其次通过调焦手轮移动中央显微镜，在目镜视场里得到清晰的物体轮廓像。

③ 将米字线调水平，即角度目镜中为0° 对0′。

④ 找正 *A* 面，如图8.5所示，平行横向虚线即 *x* 方向，并锁紧 *x* 方向。压线呈镜头④得第一次纵向（即 *y* 方向）值。移动纵向，使米字横向虚线压线呈镜头③得第二次纵向（即 *y* 方向）值，与第一次纵向读数之差为99处的实测尺寸。

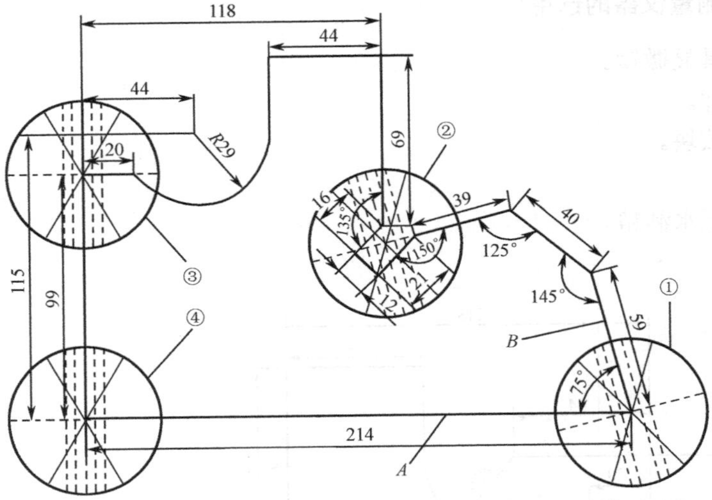

图8.5　样板测量位置

移动米字线中心至 *A* 面右端点呈镜头①，转动测角目镜，使米字线中心线与右角度边（*B* 边）压线或平行，即为所需角度。注意旋转方向。

8.4.2　样板轮廓和非整圆弧样板 *R* 的测量

1．学习目的

① 了解测量样板的投影仪使用方法。
② 测量样板的实际尺寸。
③ 判断测量尺寸是否合格。

2．量具与测量仪器的选用

① 投影仪（图8.6）。
② 被测工件。
③ 油石。
④ 全棉布数块。

⑤ 橡皮泥。

⑥ 汽油或分析纯酒精。

⑦ 防锈油。

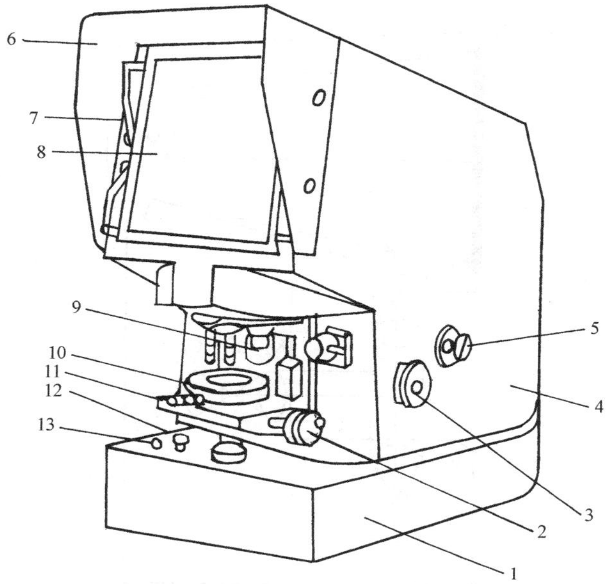

1—底座；2—工作台纵向测微手轮；3—工作台升降手轮；4—壳体；5—反射镜调节手柄；6—遮光罩；7—压图片；8—投影屏；9—物镜；10—圆工作台；11—横向测微手轮；12—调节光源亮度手柄；13—开关

图 8.6　台式投影仪外形图

3．工作原理

投影仪的工作原理如图 8.7 所示，被测工件 Y 置于工作台上，在透射或反射照明下，它由物镜 O 成放大实像（倒像）并经反光镜 M_1 与 M_2 反射于投影屏 P 的磨砂面上（经反光镜 M_1 成正像）。图中 S_1 与 S_2 分别为透射和反射照明光源，K_1 与 K_2 分别为透射和反射聚光镜。视工件的性质，两种照明可分别使用，也可同时使用。半透半反镜 L 仅仅在反射照明时才使用。

台式投影仪的结构如图 8.6 所示，仪器主要由投影屏、壳体和圆工作台三大部分组成。投影屏包括仪器的成像系统即物镜、反射镜 M_1 和 M_2，圆工作台旋转机构上角度分度值为 1°，角度游标读数为 6′。

4．操作步骤

投影仪的测量方法很多，应根据被测工件的形状、尺寸、数量及测量的目的来选择。

（1）在投影屏上用玻璃刻尺测量

一般的投影仪都带玻璃刻尺，其分度值为 1mm 或 0.5mm。刻度尺长度随投影屏尺寸而定，一般在 200～600mm 之间，个别可达 1000mm。采用这种测量方法可测量工件上任意两点间的距离。测量时只须将玻璃刻尺的刻面贴在投影屏上，使刻尺的零刻线与被测工件影像点之一重合，再使影像的另一点与刻尺的某一刻线重合，读出此点的数值，除以所用物镜倍率，就得出工件对应点之间的距离。小于一个分度值的尾数可用 3×或 5×放大镜估读。当测量两平行线之间距离时，必须使玻璃刻尺与两平行线垂直。可利用投影屏上的米（十）字线的竖线和平行线之一平行，使刻尺刻线端头与横线对齐，就可得出正确的测量结果。

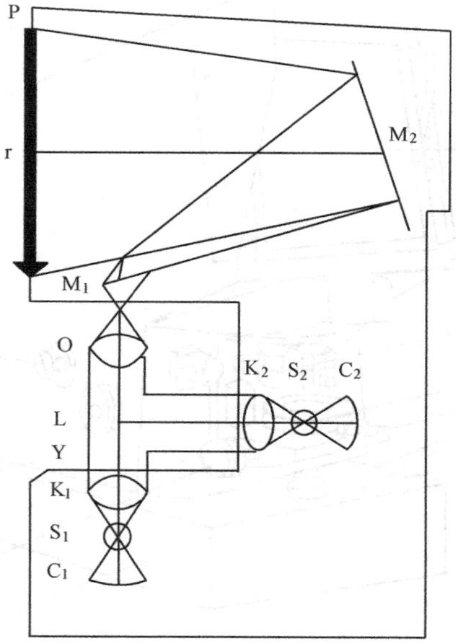

图 8.7　投影仪的工作原理图

（2）在投影屏上与标准长度做比较测量

当被测工件数量较多，而所要测量的尺寸参数只有一个长度参数时，可在一张描图纸或涤纶薄膜上，用铅笔或描图笔按选用的物镜放大率精确地制出该尺寸的标准图，压在投影屏上，将被测工件的欲测尺寸投影至投影屏上与之比较，用投影仪的测微器可读出其偏差值，也可在投影屏上估读出偏差值，再除以物镜的放大率。或者事先在标准图上绘出公差带，直接判定被测工件是否合格。

（3）利用放大样板进行比较测量

对于轮廓形状比较复杂的零件或被测尺寸参数较多的零件，可按被测轮廓或参数按一定比例制作标准的放大的玻璃样板，将它放在投影屏上，与被测零件的轮廓投影放大的影像进行比较测量。在样板上还可绘制公差带，被测工件的轮廓偏差便一目了然了，可迅速地判定零件是否合格。这种方法使用方便，效率高，尤其适用于复杂零件多参数的批量检验。

（4）用工作台做坐标测量

用工作台做坐标测量时，以投影屏上的米字线瞄准被测工件，从仪器工作台纵、横测微器读数装置上直接测出工作台的坐标位置，从而求得被测工件的尺寸。这种测量方法的测量精度主要取决于工作台坐标测量系统的精度，而与投影物镜放大率无关。同样，这种方法测量范围不受物镜视场大小的限制，而取决于工作台的行程。

5．注意事项

① 在投影仪上，光源的调整是相当重要的。调整得正确与否，将影响到仪器的测量精度和成像的清晰性。调整的具体要求是使投影屏上的亮度尽可能地均匀，同时使照明工件的

光线尽可能是平行于光轴的平行光。要达到这种状态，就必须使光源的灯丝位于聚光镜的焦平面内，并对称于光学系统的光轴。由于每个灯泡的灯丝位置都不一致，故在更换照明灯泡以后，就必须进行调整，如图 8.8 所示。

图 8.8（a）所示的灯丝位置是正确的。灯丝位于焦平面内并对称于光轴，产生的平行光也对称于光轴。图 8.8（b）所示的灯丝对称于光轴，但不在焦平面内，在焦点 F 之外，产生会聚光。这样的灯丝位置是不正确的。图 8.8（c）所示的灯丝对称于光轴，但不在焦平面内，在焦点 F 之内，产生发散光，这样的灯丝位置是不正确的。图 8.8（d）所示的灯丝位于焦平面内而不对称于光轴，产生的平行光也不对称于光轴，导致投影屏上照明不均匀，灯丝位置也是不正确的。

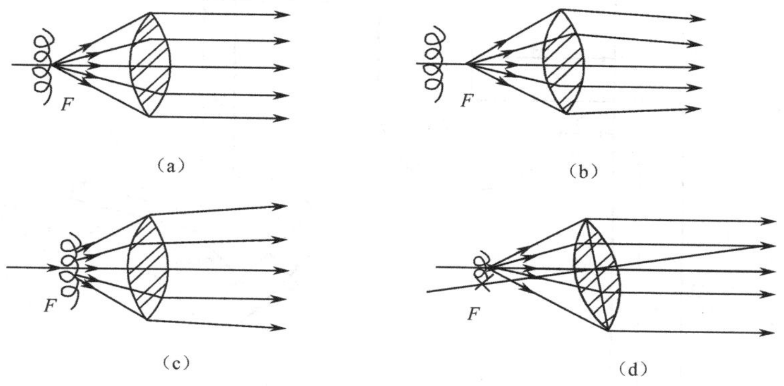

图 8.8　灯丝位置

为了让光源的灯丝处于正确的位置上，投影仪上配备了一个可供调节的光源机构，灯丝位置可以方便地调节。在调整时可借助于仪器附件即圆筒聚光屏进行。

② 一般投影仪有透射照明光和反射照明光，透射照明方式特别适用于形状复杂的薄片形工件的测量。被测工件可直接安放在工作台玻璃上，在投影屏上呈现被测工件轮廓的暗影像。反射照明方式在投影屏上所呈现的像不仅仅是被测工件的轮廓，而且工件表面的形状（如工件上的盲孔、不透光的台阶、凹凸部分及表面缺陷等）也成像在影屏上。由于工件表面和工作台的反射能力不同，所以在投影屏上的影像明暗程度也不同。一般投影仪都设有透射和反射照明部分，可分开使用，也可同时使用。

③ 投影仪的物镜有 10×、20×、50×、100×几个放大倍数。物镜的放大倍数越高，视场越小，投影屏上的明亮度和清晰度也随之降低，工作距离也越小。改变放大倍数时应采用相对应的聚光镜，更换聚光镜的目的是使投影屏得到尽可能大的亮度。在高放大倍数时，照明的面积小，需要的亮度大。在低放大倍数时，照明的面积大，亮度可以低一些。在装调好投影仪和物镜后，物镜的位置和投影屏的位置是固定的，要得到正确的放大倍数，保证测量精度，并得到清晰的像，在测量时，还须通过调整工作台来改变被测工件至该倍数的物镜的距离。这一过程通常称为调焦。

8.4.3　测量与误差分析报告

样板零件测量与误差分析报告见表 8.5。

表 8.5　样板零件测量与误差分析报告

检 测 报 告

编号：

测量项目：

测量零件简图：

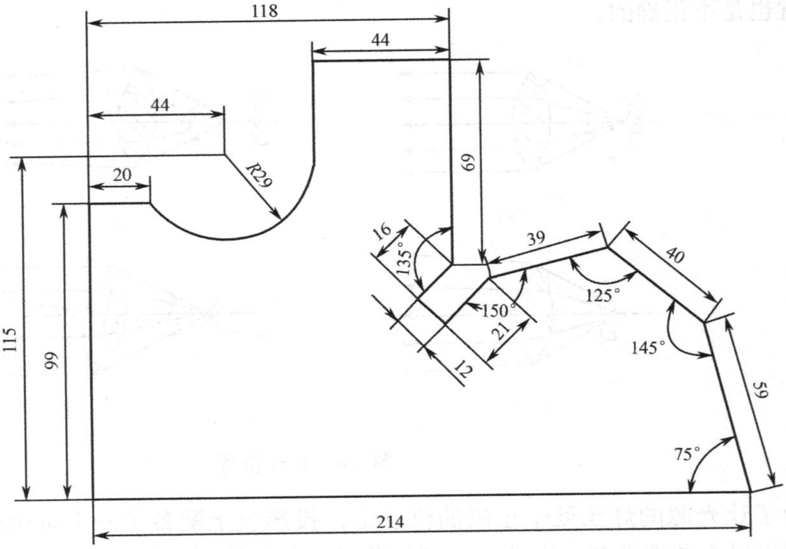

测量工具：____

测量方法及要求：____

检测结果：

测量位置 内容							
测量值（1）							
测量值（2）							
合格							
不合格							
加工后仍可用							

分析：____

姓名________

年　月　日

8.5　课题 5：非整圆弧的测量

8.5.1　三种非整圆弧测量方法的简介

1．光隙法

弧面较短的非整圆弧半径，通常是利用标准圆弧样板或标准圆柱比较测量的。当采用标准圆弧样板测量时，将样板与被检测圆弧拼合，根据光隙的大小和位置来判断被检测圆弧半径是否合格。

2．涂色法

当利用标准圆柱测量较短圆弧半径时，一般采用涂色法。测量时，在标准圆柱表面涂上一层极薄（厚度不大于 2μm）的红丹粉，然后将标准圆柱与工件内圆弧密合，稍微转动圆柱（转角不大于 30°），根据圆弧面上的接触颜色，评定被检圆弧是否合格。当颜色位于内圆弧的两边时，可判定圆弧的半径小于标准圆柱的半径；反之，则大于标准圆柱的半径。较短外圆弧用样板测量为好。

3．弓高弦长测量法

弧面较长的非整圆弧半径可在万能工具显微镜上用弓高弦长测量法进行间接测量。测量中分别测出非整圆弧的弓形高度 H 和弓高所在的弦长 L，即可求得圆弧的半径 R。

8.5.2　测量与误差分析报告

非整圆弧测量与误差分析报告见表 8.6。

表 8.6 非整圆弧测量与误差分析报告

检 测 报 告

编号：

测量项目：

测量零件简图：

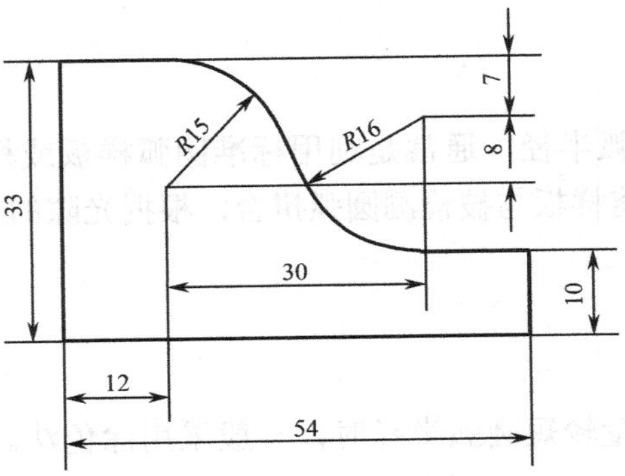

测量工具：

测量方法及要求：

检测结果：

测量位置 / 内容							
测量值（1）							
测量值（2）							
合格							
不合格							
加工后仍可用							

分析：

姓名

年 月 日

习题 8

1. 凸轮测量要进行哪些调整？
2. 简述光学分度头检测凸轮误差的测量步骤。
3. 简述台式投影仪检测样板的测量步骤。
4. 简述台式投影仪的基本工作原理。
5. 非整圆弧工件的测量方法有哪几种？
6. 用齿距仪测量齿轮齿距时，选用齿轮的什么表面作为测量基准？
7. 测量齿距累积误差Δf_P与齿距偏差Δf_{P_t}的目的是什么？
8. 测量齿轮基节偏差的仪器是什么？
9. 用基节仪测量齿轮基节偏差，应注意哪些事项？
10. 基节偏差与齿距偏差有何区别？

第9章 箱体类零件的测量

箱体类零件大都比较复杂，需要测量的参数较多，属于复合测量。用常规量具也能实现测量目的，但测量比较烦琐，工作量较大。本章将对箱体类零件（图 9.1）测量内容进行具体介绍。

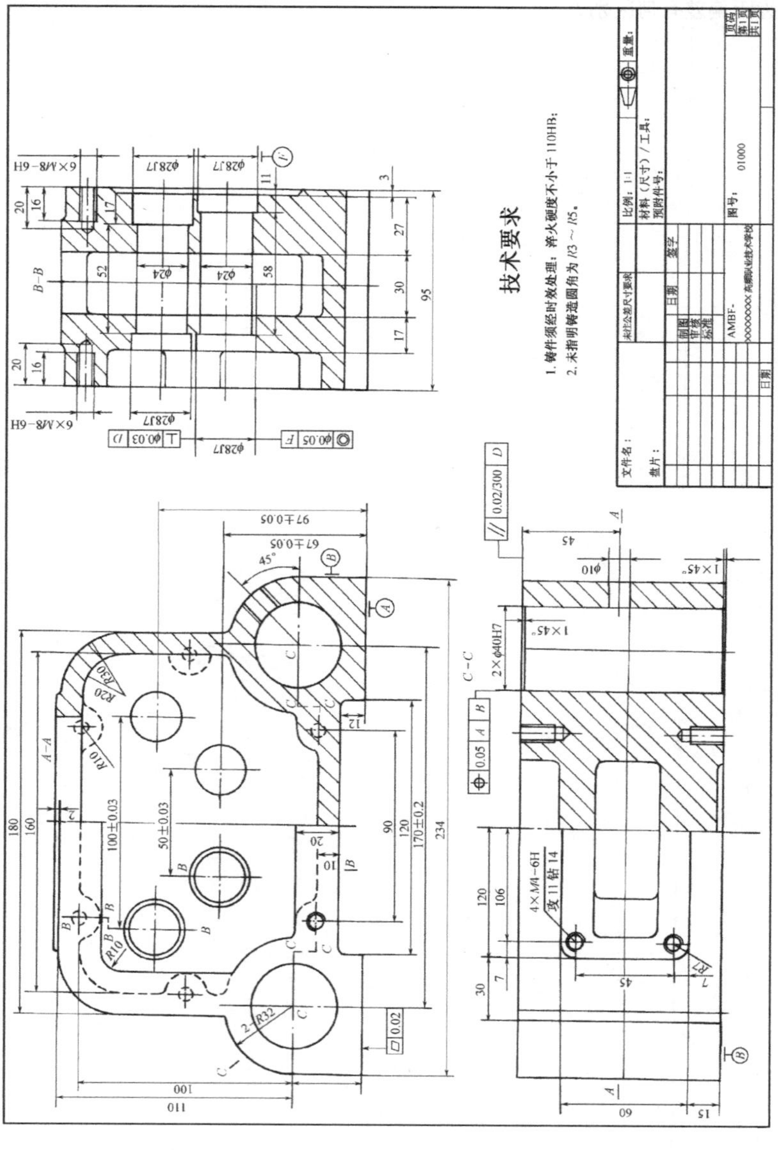

图 9.1 箱体类零件

9.1 课题 1：平行度、平面度误差的测量

9.1.1 学习目的

① 了解平行度、平面度的正确测量方法。
② 测量零件的平面度、平行度。
③ 判断零件的平面度、平行度是否合格。

9.1.2 量具与测量仪器的选用

① 千分表。
② 磁性表架。
③ 测量平板。
④ 被测工件。
⑤ 全棉布数块。
⑥ 油石。
⑦ 汽油或无水酒精。
⑧ 防锈油。

9.1.3 测量方法与测量步骤

1. 平板平面度误差的测量

平面度误差检测的方法很多。对于平面度要求很高的小平面，可用干涉法，如用平晶检测平面度误差。对于大平面，特别是刮削平面，生产现场多用涂色法做合格性检验。对于一般平面，则广泛应用打表法、水平仪等方法检测平面度误差。打表法可分为三点法和对角线法，即将工件用可调支承支承在作为测量基准的平板上，再将被测实际表面的最远三点调平（或两对角线两两调节），然后在整个被测表面上逐点打表，指示表的最大与最小读数之差即为平面度误差。

（1）操作步骤

STEP 步骤

① 将如图 9.2 所示的零件用三点支承在平板上，调整支承，使被测表面与平板平行，如图 9.3 所示。调整被测表面与平板平行，一般使用两种方法：一种是对角线法（四点法），即调整支承，使被测表面对角线两端等高，如图 9.4 所示，1 点与 2 点等高，3 点与 4 点等高；另一种是三点法，即调整支承，使被测表面最远的三点等高，如图 9.5 所示，最远三点的取法有多种情况（图中仅举出两例），因此按三点法评定的误差值不是唯一的。

用三点法调整比较方便，而用对角线法反映误差数值较准确。这两种方法比较接近最小条件，但不一定符合最小条件。

② 用一定的布点方法测量被测表面，同时记录读数。

③ 一般可用指示器最大与最小读数的差值近似地作为平面度误差。必要时按最小条件计算平面度误差。

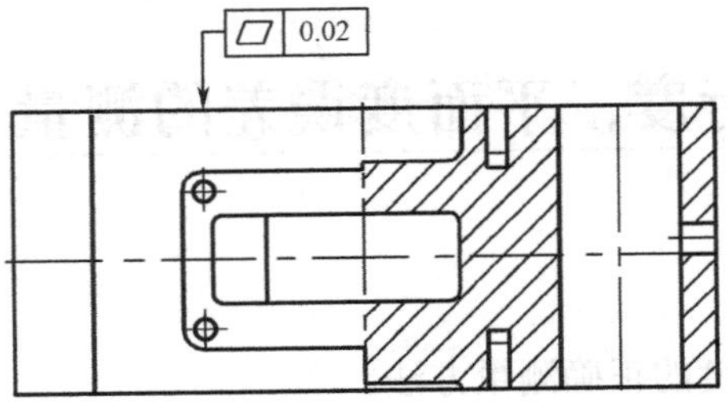

图9.2　被测零件

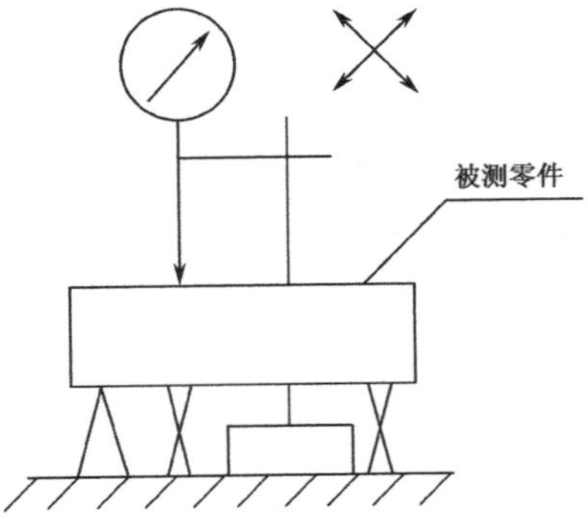

图9.3　平面度测量

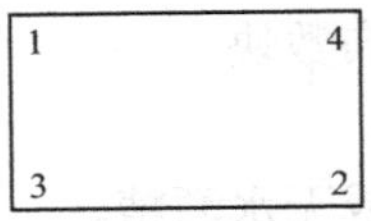

图9.4　对角线法

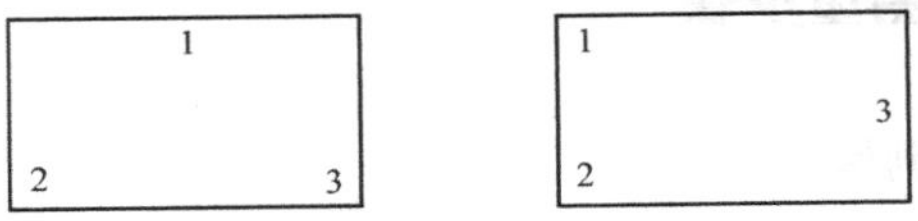

图9.5　三点法

（2）注意事项

NOTICE 注意

平面度只控制平面的形状误差。图样上提出平面度要求，同时也控制了直线度误差。对于窄长平面（如龙门刨导轨面）的形状误差，可用直线度控制。宽大平面的形状误差，可用平面度控制。

2. 平行度误差的测量

常见的平行度误差的测量方法有面对面平行度测量、线对面平行度测量、面对线平行度测量、线对线平行度测量。本节主要讲述面对面平行度测量。

（1）操作步骤

STEP 步骤

① 如图 9.7 所示，将图 9.6 所示的零件放在检验平板上，平板的上表面（基准平面）就是测量基准，它体现了基准的理想形状的位置。

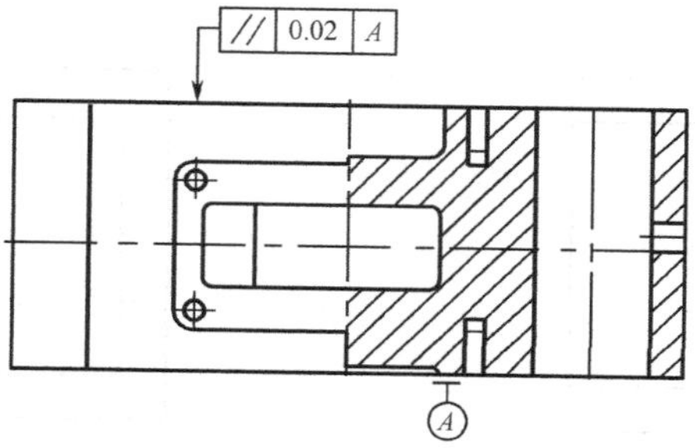

图 9.6 被测零件

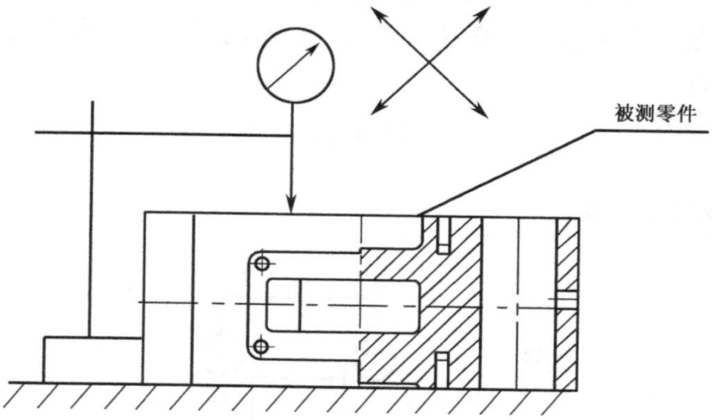

图 9.7 外表面平行度误差测量

② 用指示器在整个被测表面上按一定的测量线进行测量，取指示器的最大与最小示值之差作为该零件的平行度误差。图 9.9 所示为直接以被测零件（图 9.8）的基准实际要素作为测量基准进行测量的方法。用指示器沿着被测表面进行测量，取指示器的最大与最小示值之差作为该零件的平行度误差。

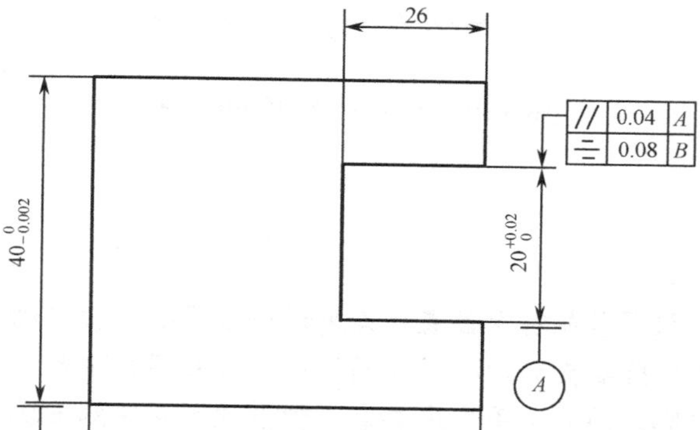

图 9.8 被测零件

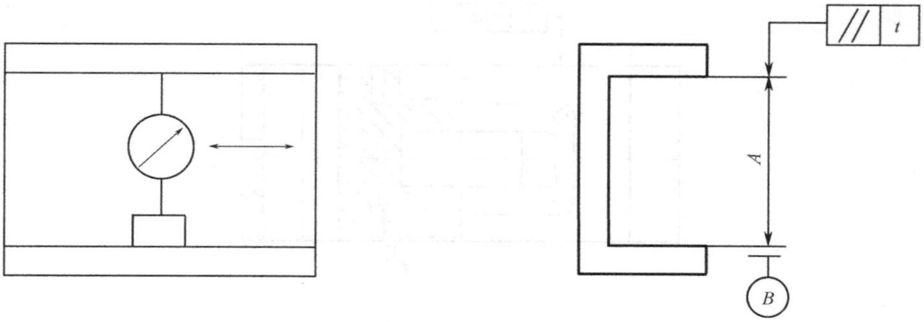

图 9.9　内表面平行度误差测量

③ 一个方向上线对线的平行度误差测量如图 9.10 所示，基准轴线和被测轴线由心轴模拟。将被测工件放在等高支承上，在选定长度 L_2 的两端位置上测得指示表的读数 M_1 和 M_2，其平行度误差为

$$\Delta=\frac{L_1}{L_2}\left|M_1-M_2\right|$$

式中，L_1、L_2——被测线长度。

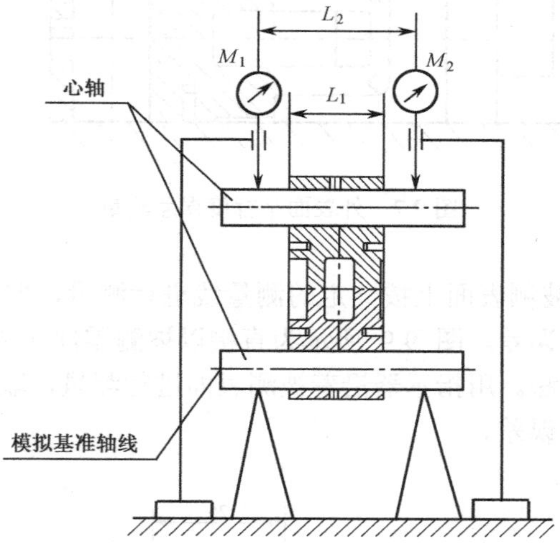

图 9.10　线对线平行度误度测量

（2）注意事项

NOTICE　注意

被测实际要素的形状误差相对于位置误差来说一般很小，所以测量时直接在被测实际表面上进行，不排除被测实际要素的形状误差的影响。如必须排除时，须在有关的公差框格下加注文字说明。被测实际表面满足平行度要求，但当被测点偶然出现一个超差的凸点或凹点时，这个特殊点的数值是否作为平行度误差，应根据零件的使用要求来处理。

9.2 课题 2：位置度、垂直度误差的测量

9.2.1 学习目的

① 了解位置度、垂直度的正确测量方法。
② 测量零件的位置度、垂直度。
③ 判断零件的位置度、垂直度是否合格。

9.2.2 量具与测量仪器的选用

① 千分表。
② 磁性表架。
③ 直角尺座。
④ 测量平板。
⑤ 被测工件。
⑥ 全棉布数块。
⑦ 油石。
⑧ 汽油或无水酒精。
⑨ 防锈油。

9.2.3 测量方法与测量步骤

1. 垂直度的测量方法

常见的垂直度误差的测量方法有面对面垂直度测量、线对面垂直度测量、面对线垂直度测量、线对线垂直度测量。本节主要讲述线对面垂直度测量与面对面垂直度测量。

（1）线对面垂直度测量操作步骤

STEP 步骤

① 如图 9.12 所示，将图 9.11 所示的零件放在平板上，基准轴线由心轴模拟。

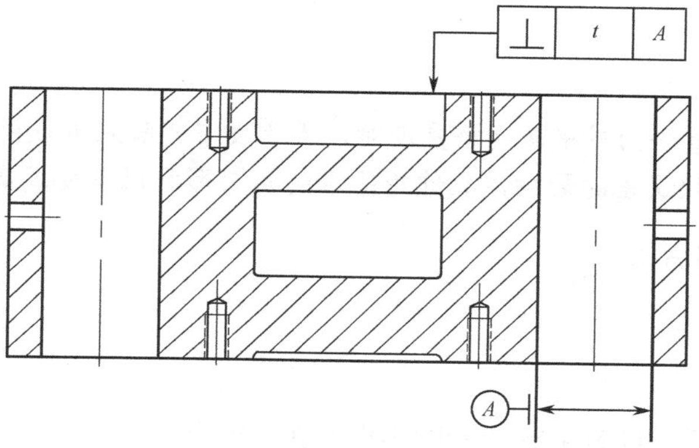

图 9.11　被测零件

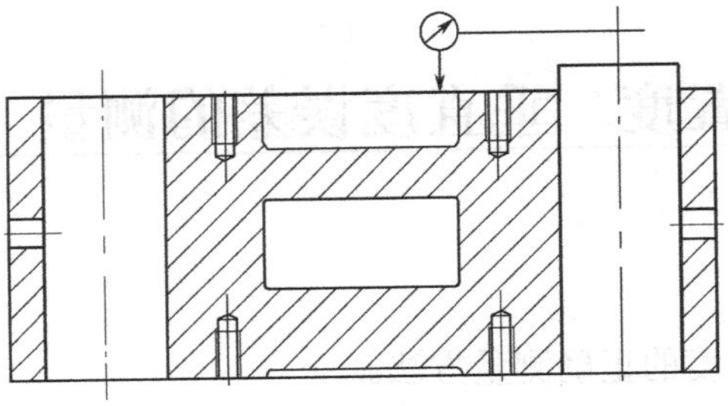

图 9.12　线对面垂直度测量

② 转动心轴，测得并记录最大与最小读数 M_{max} 与 M_{min}（根据需要确定半径）。

③ 垂直度误差可近似地按下式计算

$$\Delta=\frac{1}{2}(M_{max}-M_{min})$$

（2）面对面垂直度测量操作步骤

STEP 步骤

① 如图 9.14 所示，将图 9.13 所示的零件固定在直角座（或方箱）上，直角座的侧平面作为基准平面，从而排除了基准表面的形状误差。

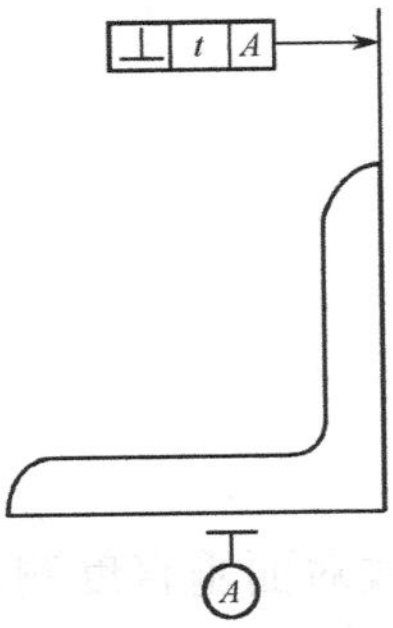

图 9.13　被测工件

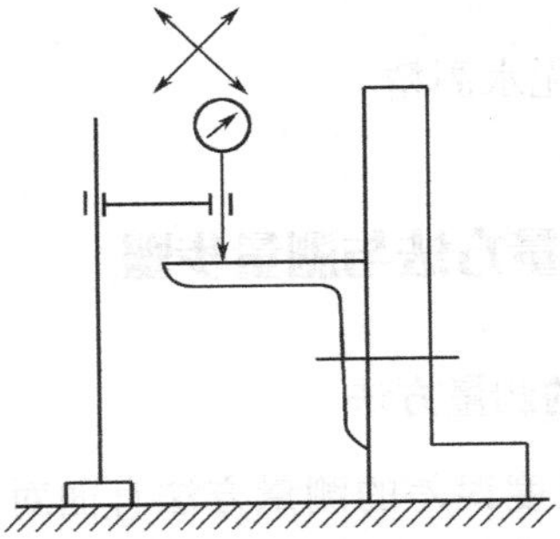

图 9.14　面对面垂直度测量

② 直角座放在平板上。调整靠近基准的被测表面的读数差为最小值。

③ 取指示器在整个被测表面各点测得的最大与最小读数之差，作为该零件的垂直度误差。

（3）注意事项

NOTICE 注意

直接用直角尺测量平面对平面的垂直度时，由于没有排除基准表面的形状误差，测得的误差值受基准表面形状误差的影响，故作为基准的表面形状误差要求高一些。

2. 位置度的测量方法

（1）操作步骤

STEP 步骤

① 如图 9.16 所示，将图 9.15 所示的零件放在平板上。

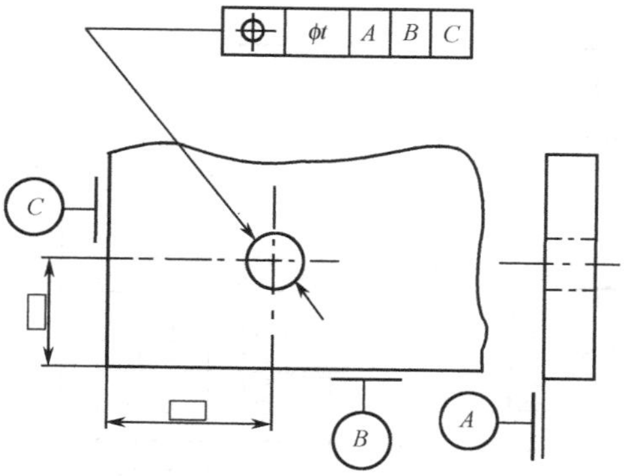

图 9.15　工件的位置度

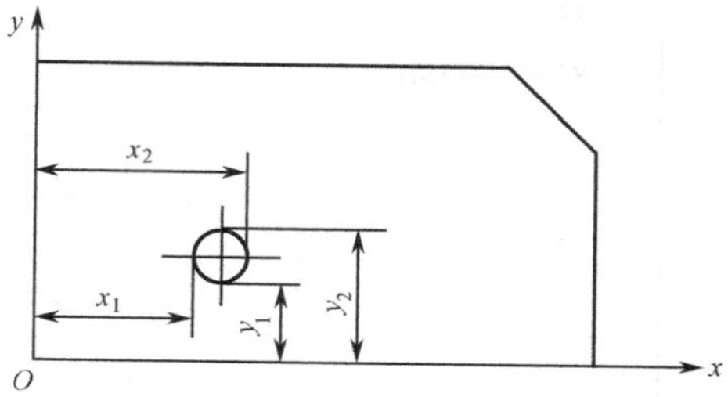

图 9.16　位置度测量

② 按基准调整被测工件，使其与测量装置的坐标方向一致。

③ 将心轴放置在孔中，在靠近被测工件的板面处，测量 x_1、x_2、y_1、y_2。按下式分别计算出坐标尺寸 x、y。

x 方向坐标尺寸：$x=\dfrac{x_1+x_2}{2}$

y 方向坐标尺寸：$y=\dfrac{y_1+y_2}{2}$

④ 将 x、y 分别与相应的理论正确尺寸比较，得到 f_x 和 f_y，位置度误差为

$$f=2\sqrt{f_x^2+f_y^2}$$

⑤ 然后把被测工件翻转，对其背面按上述方法重复测量，取其中的误差较大值作为工件的位置度误差。

（2）注意事项

NOTICE　注意

① 对于多孔孔组，则按上述方法逐孔测量和计算。若位置度公差带为给定两个方向的两组平行平面，则直接取 $2f_x$、$2f_y$，分别作为该零件在两个方向上的位置度误差。测量时，应选用可胀式（或与孔成无间隙配合的）心轴。

② 若孔的形状误差对测量结果的影响可以忽略，则可直接在实际孔壁上测量。

9.2.4　测量与误差分析报告

箱体类零件综合测量与误差分析报告见表 9.1。

表9.1　箱体类零件综合测量与误差分析报告

检 测 报 告

编号：

测量项目：

测量零件简图：

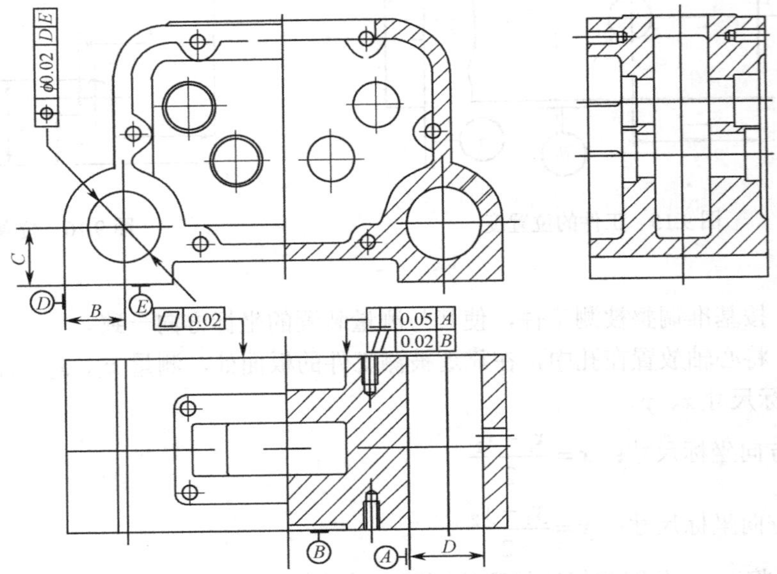

测量工具：

测量方法及要求：

检测结果：

测量位置 内容							
测量值（1）							
测量值（2）							
合格							
不合格							
加工后仍可用							

分析：

姓名

年　月　日

9.3 课题 3：直线度误差测量

9.3.1 学习目的

① 掌握利用光学平直度检测仪测量直线度的正确方法。
② 掌握光学平直度检测仪的工作原理及读数方法。
③ 判断零件直线度是否合格。

9.3.2 量具与测量仪器的选用

① 光学平直度检测仪。
② 升降可调支架、垫板。
③ 活络扳手、平板。
④ 被测件。
⑤ 全棉布数块。
⑥ 油石。
⑦ 汽油或无水酒精。
⑧ 防锈油。

9.3.3 测量方法与测量步骤

1. 仪器介绍

光学平直度检测仪主要用于检测直线度和平面度，如图 9.17 所示。
常用规格：5m、10m。
分度值：0.0025mm/m、0.005mm/m。
测量范围：±0.5mm。

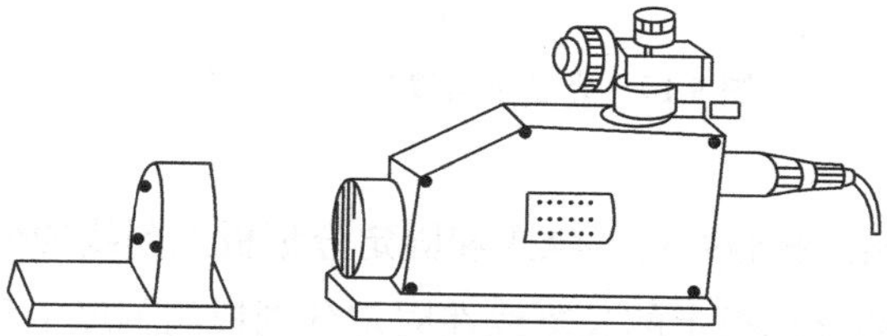

图 9.17　HYQ-03 光学平直度检测仪外形图

2. 工作原理

（1）光路原理

由图 9.18 可知，此仪器的光学系统属于双分划板型。由光源 1 发出的光，经绿色滤光片 2 后照亮分划板 3 上的十字亮线。此十字线经立方直角棱镜 4，再经两个反射镜 5 和 6 进入物镜 7 成平行光束射出，由体外反射镜 8 反射回来，再经物镜 7 成像于活动分划板 10

上。分划板 10 的正中有一长刻线（图 9.19），转动测微鼓轮 13，通过测微螺杆 12 可使活动分划板 10 平移。在紧靠活动分划板 10 的下方，有一固定分划板 9，其上有标为 5、10、15 一组数字的等分刻线，其中字标“10”为中心原点。刻线的刻划方向与活动分划板上的长刻线平行。两块分划板的刻划面靠得很近，其间距小于 0.1mm，从目镜 11 中观察时看不出视差来。

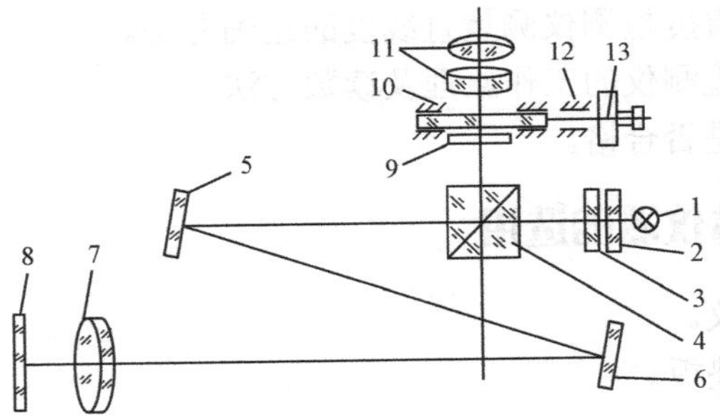

1—光源；2—滤光片；3—分划板；4—立方直角棱镜；5，6—反射镜；7—物镜；8—体外反射镜；9—固定分划板；10—活动分划板；11—目镜；12—测微螺杆；13—测微鼓轮

图 9.18　光学平直度检测仪光学系统

当反射镜 8 严格垂直于光轴时，十字线成像在固定分划板 9 的正中央，对称于字标“10”，目镜视场如图 9.19（a）所示。若反射镜 8 对光轴有一微小倾角α，则十字线像将偏离字标“10”，如图 9.19（b）所示，偏离量 t 由自准直原理可得：

$$t = f_{物} \tan 2\alpha \approx 2 f_{物} \alpha$$

式中，$f_{物}$——物镜焦距。

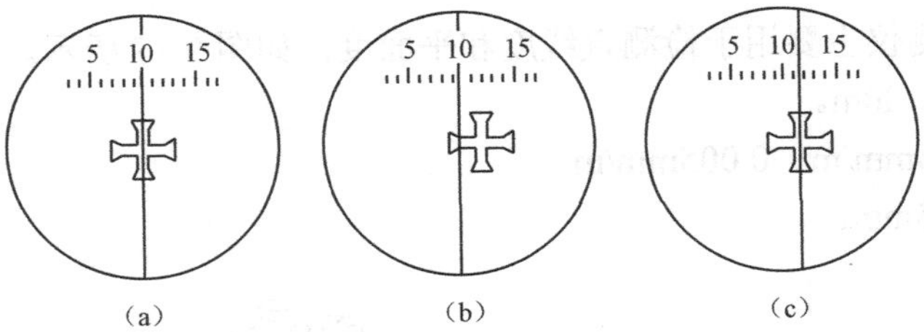

图 9.19　光学平直度检测仪目镜视场

（2）测微原理

仪器的 $f_{物}$ 为 400mm，测微螺杆的螺距和固定分划板上刻线的分度间隔都是 0.4mm，即测微螺杆每转一圈，活动分划板上的长刻线在固定分划板的刻度上移动一格，其对应的反射镜的倾角α为

$$\alpha = \frac{t}{2f_{物}} = \frac{0.4}{2\times 400} = \frac{1}{2000}\text{rad}$$

和测微螺杆同轴相连的测微鼓轮上有 100 格圆周刻度，每格代表反射镜的倾角α为 0.005 / 1000rad。

当十字线像偏离刻度“10”时，如图 9.19（b）所示，可转动测微鼓轮，使长刻线再次夹在十字线像的正中。长刻线移动的距离，即十字线像的偏离量，其数值可以从视场中的刻度（每格 0.5×10^{-3}rad）及测微鼓轮上的刻度（每格 0.005×10^{-3}rad）上读出。

3. 操作步骤

① 将仪器主体放置在被测件的一端或被测件以外稳固的调整平台上，体外反射镜座连同桥板安放在被测件上，并且要与仪器主体在同一水平面内，必要时可在仪器主体下面配一个精密的支座或垫铁。

② 接通电源后，将反射镜座靠近仪器的主体，使反射镜正对物镜，左右转动反射镜座，使十字线像出现在目镜视场的正中或附近。

③ 仔细地沿测量方向移动反射镜座，在各预定测量位置上读数，并进行数据处理。

4. 直线度测量

图 9.20 是用平直度检测仪测量机床导轨直线度时的安装示意图。

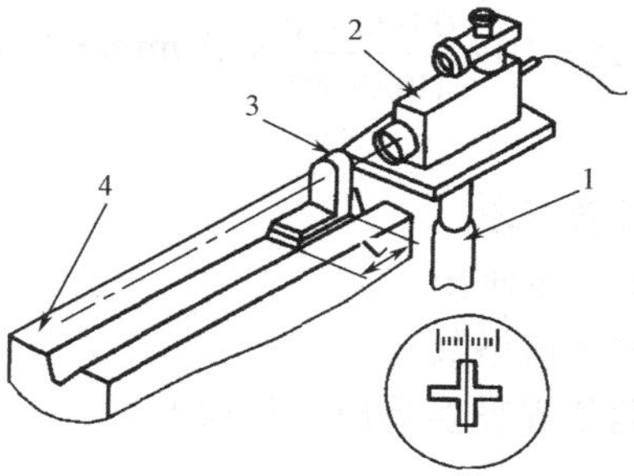

1—调整平台；2—平直度检测仪；
3—平面反射镜；4—导轨

图 9.20　检测导轨直线度时的安装示意图

平面反射镜 3 安放在桥板上，桥板支承点间的跨距 L 应根据导轨长度和所要求的测量精度来选择。L 过大不易反映导轨直线度的真实情况，过小则势必增加测量次数。一般采用被测件全长的 1/15～1/10 为宜。平直度检测仪 2 应稳固地安装在调整平台 1 上。先把反射镜置于导轨的一端，调节调整平台 1 和平直度检测仪 2，使反射十字线影像位于目镜视场中心，然后再把反射镜移到导轨的另一端，在目镜视场中仍能观察到十字线影像。否则应调节仪器或反射镜，直到导轨两端十字线影像均在视场中心，并同时成像清晰为止。测量时，反射镜依次由近到远移动一个跨距 L 并首尾衔接，逐点进行读数。然后将反射镜返回移动，重新在各个位置上读数，反射镜返回移动的位置应与前者一致，取两次读数的平均值作为该次测量结果，再对数据进行处理，便可求得导轨的直线度。

对于超过仪器工作距离的长导轨，可采用将导轨分成若干段的分段测量方法。例如，长度为 30m 的导轨，可以分成 4 段进行测量。当第一段测得最后一个位置时，反射镜不动，而把平直度检测仪连同调整平台一起移近反射镜，通过调整，使仪器的读数与未移动前的读数相同，这时再重复第一段的测量方法，依次移动反射镜……采用这种方法，平直度检测仪虽然移动了，但测量基准不变，这样分段测量的数据就可以与不分段测量的数据采用同样的方法进行处理了。

5. 直线度误差的计算方法

（1）计算法（桥板支承点间的跨距为 250 mm）

① 简化原始读数：

0、+2、+4、+8、+4、+2、+8、+12

② 计算各段简化读数的平均值：

$$n=\frac{0+2+4+8+4+2+8+12}{8}=5$$

③ 各段简化读数减去平均值：

–5、–3、–1、+3、–1、–3、+3、+7

④ 将减去后的各段读数都换成各段测量坐标值：

–5、–8、–9、–6、–7、–10、–7、0

⑤ 求出导轨的最大格数误差：

$$N_{\max}=|(0)-(10)|=10\text{ 格}$$

根据公式将角值误差换算成线值误差：

$$\varDelta=N_{\max}iL=10\times\frac{0.005\text{mm}}{1000\text{mm}}\times250\text{mm}=0.0125\text{mm}$$

（2）图解法（图 9.21）

① 将被测工件的长度分成若干段。

② 将各段的示值误差在坐标中画出。

③ 用端点连线法求出最大误值格数。

④ 根据公式$\varDelta=N_{\max}iL$ 将角值误差换算成线值误差。

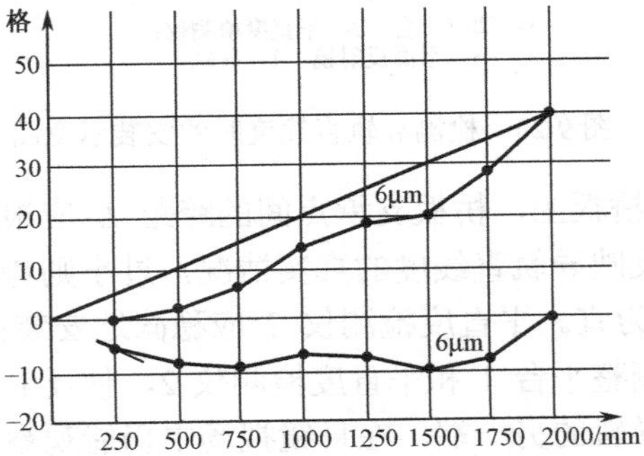

图 9.21　图解法

6．测量直线度误差时的注意事项

① 测量前被测导轨面大致调平（调节机床底座螺钉）。

② 测量前反射镜与平直度检测仪本体的底平面应清洁干净。

③ 测量中，不同型号的光学平直度检测仪的技术规格是不同的。HYQ-03 型光学平直度检测仪的分度值为 1″，能测长度约 5m 的导轨，不要超过测量范围。

④ 测量中，弄清仪器分度值和测量桥板跨距的关系。

⑤ 测量中，记住仪器读数的正负号。

⑥ 测量中，物镜与平面镜间应保持光线畅通。

⑦ 测量后，应将反射镜、垫板等擦净并放入箱内。

习题 9

1．为什么要对箱体类零件进行结构分析和技术要求分析？如何拟订零件的检测方案？

2．在测量孔的位置度或孔轴线与面的垂直度时，使用什么方法模拟轴线？

3．箱体类零件在选定测量基准时，应遵循哪些原则？

第10章

表面粗糙度的测量

经机械加工的零件表面，总是存在着宏观和微观的几何形状误差，其中微观几何形状误差即微小的峰谷高低程度称为表面粗糙度。零件表面的粗糙，不仅影响美观，而且对接触面的摩擦、运动面的磨损、贴合面的密封、配合面的可靠、旋转件的疲劳强度，以及抗腐蚀性能等都有影响。对于已完工的零件，只有在满足尺寸精度、形状精度和位置精度的同时，满足粗糙度的要求，才能保证零件几何参数的互换性。 因此，应对零件的表面粗糙度加以确定。

10.1 课题1：光切显微镜检测表面粗糙度

10.1.1 学习目的

① 了解光切显微镜表面粗糙度检测仪的工作原理及使用方法。
② 正确理解表面粗糙度的评定参数。
③ 根据国家标准评定表面粗糙度。
④ 判定被测件的合格性。

10.1.2 量具与测量仪器的选用

① 光切显微镜。
② 零件盘一只。
③ 被测件。
④ 全棉布数块。
⑤ 油石。
⑥ 汽油或无水酒精。
⑦ 防锈油。

10.1.3 测量方法与测量步骤

1. 量仪介绍

光切显微镜利用光切原理来测量工件的表面粗糙度，其评定参数为 R_z、R_y，测量范围

一般为 R_z=0.8～80μm，可测量平面和外圆表面。其外形结构如图 10.1 所示。

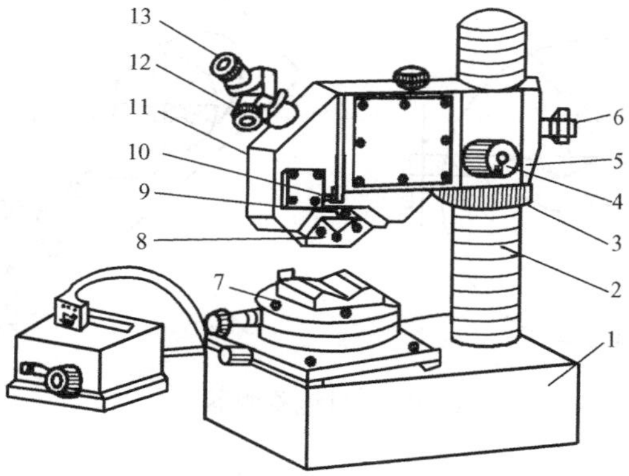

1—底座；2—立柱；3—升降螺母；4—微调手轮；5—支臂；
6—支臂锁紧螺钉；7—工作台；8—物镜组；9—物镜锁紧机构；
10—遮光板手轮；11—壳体；12—目镜测微器；13—目镜

图 10.1 光切显微镜外形结构

2. 工作原理

光切显微镜光学系统如图 10.2 所示，光线经狭缝 3 后成一扁平光带通过物镜 4，顺着加工痕迹以 45° 方向照射被测表面。具有微观不平的表面，被照射后分别在其轮廓的波峰 s 点、波谷 s'点产生反射，通过物镜 4，它们各成像在分划板 5 上的 a 和 a'。由目镜测微器 6 测出 aa'，即可换算其波峰至波谷的高度 Y_i。

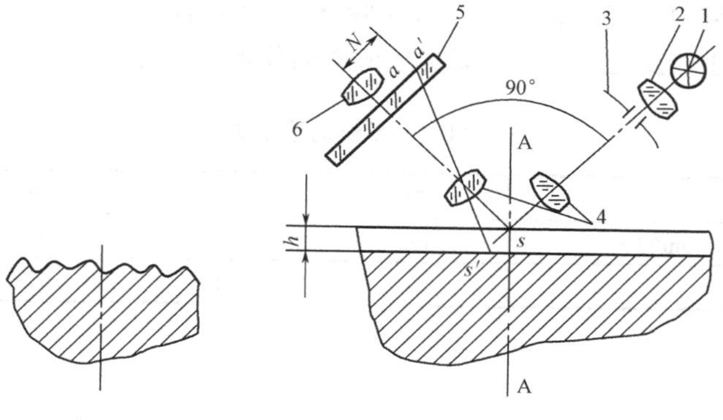

1—光源；2—聚光镜；3—狭缝；4—物镜；5—分划板；6—目镜测微器

图 10.2 光切显微镜光学系统

因为 $\dfrac{aa'}{V}=ss'$（V 为物镜放大倍数），所以 $Y_i=ss'\cos 45^\circ=\dfrac{aa'}{V}\cos 45^\circ$。

由图 10.3 可知，测微十字线移动方向与 a'方向是成 45° 设计的。

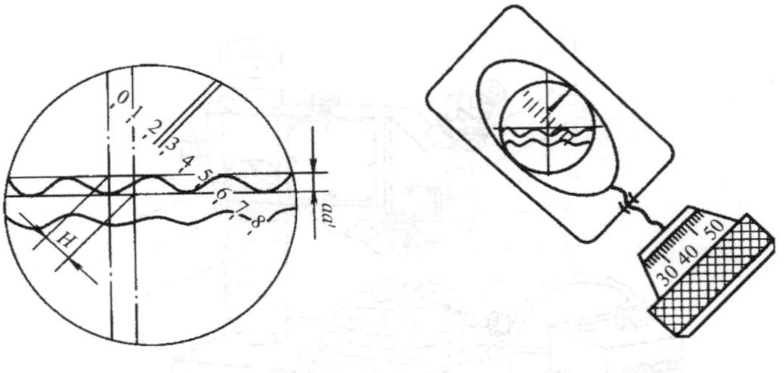

图 10.3　目镜测微器

因为 $$aa' = H\cos 45^\circ$$

而 $$H = \Delta h_i K$$

所以 $$Y_i = \frac{H\cos 45^\circ}{V}\cos 45^\circ = \frac{\Delta h_i K}{V}\cos^2 45^\circ = \frac{\Delta h_i K}{2V}$$

令 $$E = \frac{K}{2V}$$

所以 $$Y_i = \Delta h_i E$$

式中，E——仪器的分度值；

H——十字线移动距离；

Δh_i——测微套筒转过的格数；

K——测微套筒每转过一格，十字线实际移动的距离。

表 10.1 中给出的 E 值是理论值，其实际值根据仪器附件标准刻度尺检定给出。

表 10.1　E 值的理论值

物镜放大倍数	7×	14×	30×	60×
每转一格实际移动的距离/（μm/格）	17.5	17.5	17.5	17.5
仪器的分度值/（μm/格）	1.25	0.63	0.294	0.145

3．操作步骤

STEP 步骤

① 根据被测零件的表面粗糙度要求，参照仪器说明书正确选择物镜组，并装入仪器。

② 将被测零件擦净后放在工作台上，使加工纹路方向与光带方向垂直。

③ 先粗调，看到光带后再细调，直到光带的一边非常清晰为止。

④ 松开目镜上的紧固螺钉，旋转目镜，用目测法，使目镜中十字线的一根线与光带中线位置平行，再紧固目镜。

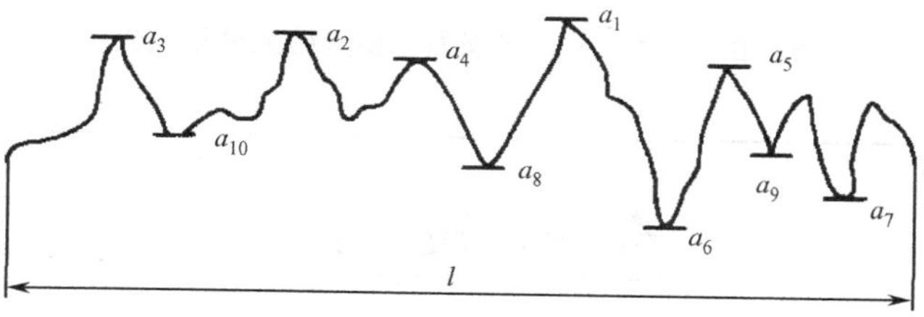

图 10.4　被测轮廓曲线

⑤ 旋转测微套筒，按图 10.4 所示，在取样长度之内，使目镜十字线分别与 5 个最高峰顶和 5 个最低谷底相切，并记下测微套筒的十次读数 h_{PLi}、h_{PVi}，由此得出 5 个 Δh_i，并用下式求出 R_Z：

$$R_Z=\frac{1}{5}\sum_{i=1}^{5}y_i=\frac{1}{5}\sum_{i=1}^{5}\Delta h_i E=\frac{1}{5}\left(\sum_{i=1}^{5}h_{PLi}-\sum_{i=1}^{5}h_{PVi}\right)E$$

⑥ 在评定长度内，一般取 5 个取样长度测出 5 个 R_Z 值，取其平均值作为零件的 R_Z'：

$$R_Z'=\frac{1}{5}\sum R_Z$$

⑦ 根据定义也可求出轮廓最大高度 R_Y：

$$R_Y=Y_{\max}=\Delta h_{\max}E=(h_{P\max}-h_{V\min})E$$

⑧ 判断合格性。

4．注意事项

NOTICE　注意

被测工件应擦净置于工作台上，使加工痕迹与光带垂直，也与工作台纵向移动方向垂直。

10.1.4　测量报告与误差分析

光切显微镜表面粗糙度检测分析报告见表 10.2。

表 10.2　光切显微镜表面粗糙度检测分析报告

检 测 报 告

编号：

测量项目：

测量工具：

测量方法及要求：

检测结果：

测峰读数(mm)		测谷读数(mm)		测量高度值
h_1=		h_2=		
h_3=		h_4=		
h_5=		h_6=		
h_7=		h_8=		
h_9=		h_{10}=		

平均值 = $\frac{\qquad}{5}$

R_z= 平均值×修正系数×10^3=

评定粗糙度结果	

分析：

姓名________

年　月　日

10.2 课题 2：干涉显微镜检测表面粗糙度

10.2.1 学习目的

① 了解干涉显微镜表面粗糙度检测仪的工作原理及使用方法。
② 正确理解表面粗糙度的评定参数。
③ 根据国家标准规定，评定表面粗糙度。
④ 判定被测件的合格性。

10.2.2 量具与测量仪器的选用

① 干涉显微镜。
② 零件盘一只。
③ 被测件。
④ 全棉布数块。
⑤ 油石。
⑥ 汽油或无水酒精。
⑦ 防锈油。

10.2.3 测量方法与测量步骤

1. 量仪介绍

干涉显微镜用于测量 R_z 值和 R_y 值，由于表面太粗糙则不能形成干涉条纹，所以测量范围一般为 R_z=0.05～80μm。其外形结构如图 10.5 所示。

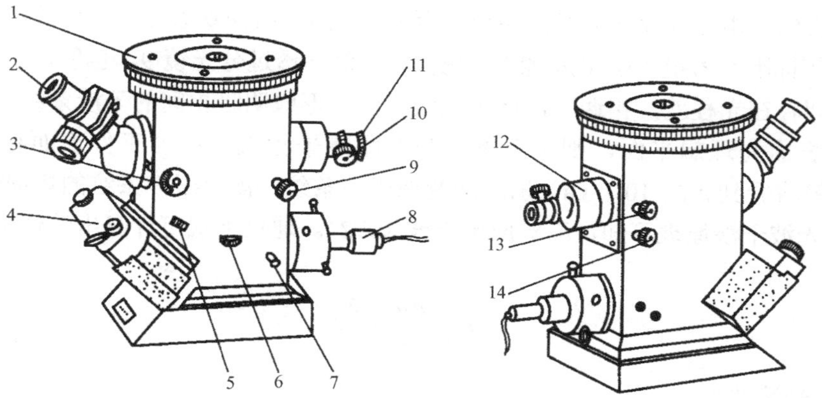

1—工作台；2—目镜；3—照相与测量选择手轮；4—照相机；5—照相机锁紧螺钉；
6—孔径光阑手轮；7—光源选择手轮；8—光源；9—宽度调节手轮；10—调焦手轮；
11—光程调节手轮；12—物镜套筒；13—遮光板调节手轮；14—方向调节手轮

图 10.5　干涉显微镜外形结构

2．工作原理

干涉显微镜利用光波干涉原理，将具有微观不平的被测表面与标准光学镜面相比较，以光波波长为基准来测量工件表面粗糙度，其光学系统如图 10.6 所示。

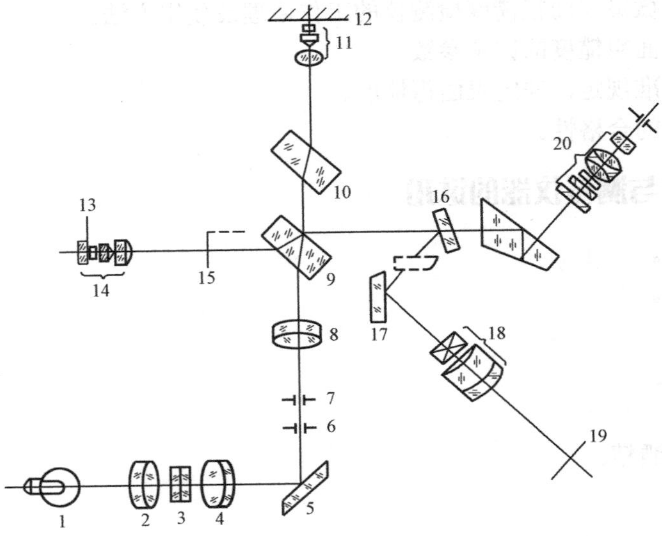

1—光源；2，4，8—聚光镜；3—滤光片；5—折射镜；6—视场光阑；7—孔径光阑；9—分光镜；10—补偿板；11—物镜；12—被测表面；13—标准参考镜；14—物镜组；15—遮光板；16—可调反光镜；17—折射镜；18—照相物镜；19—照相底片；20—目镜

图 10.6　干涉显微镜光学系统

从光源 1 发出的光束，经过分光镜 9 分为两束光。一束透过分光镜 9、补偿板 10，射向被测工件表面，由工件反射后经原路返回至分光镜 9，射向观察目镜 20。另一束光通过分光镜 9 反射到标准参考镜 13，由标准参考镜 13 反射并透过分光镜 9，也射向观察目镜 20。这两束光线间存在光程差，相遇时，产生光波干涉，形成明暗相间的干涉条纹。

若工件表面为理想平面，则干涉条纹为等距离平行直纹；若工件表面存在微观不平度，通过目镜将看到如图 10.7（a）所示的弯曲干涉条纹。测出干涉条纹的弯曲度Δh_i和间隔宽度 b_i（由光波干涉原理可知，b_i 对应于半波长$\lambda/2$）。通过下式可计算出波峰至波谷的实际高度 Y_i：

$$Y_i = \frac{\Delta h_i}{b_i} \times \frac{\lambda}{2}$$

式中，λ——光波波长。

自然光（白光），λ=0.66μm；绿光（单色光），λ=0.509μm；红光（单色光），λ=0.644μm。

3. 操作步骤

STEP 步骤

① 将被测件表面向下，置于仪器的工作台上，如图 10.5 所示。

② 如图 10.5 所示，手轮转到目镜的位置，松开目镜的螺钉，拔出目镜，并从目镜管中观察。若看到两个灯丝像，则调节光源，使两个灯丝像重合。然后插上目镜，锁紧螺钉。

③ 旋转遮光板调节手轮，遮住一束光线，用手轮转动工作台滚花盘，对被测表面调焦，直至看到清晰的表面纹路为止，再旋转遮光板调节手轮，视场中出现干涉条纹。

④ 缓慢调节宽度调节手轮、调焦手轮和光程调节手轮，使之得到清晰的干涉条纹。再旋转方向调节手轮，以改变干涉条纹的方向，使之垂直于加工痕迹，如图 10.7 所示。

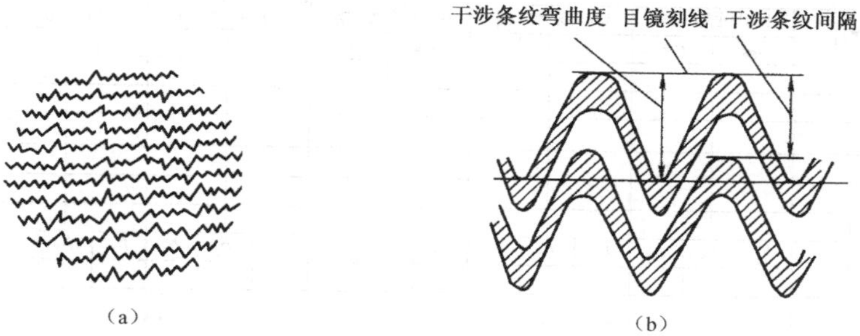

图 10.7 干涉条纹

⑤ 在干涉条纹的取样长度内，选 5 个最高峰和 5 个最低谷进行测量、读数并记录。干涉条纹弯曲度的平均值 Δh 用下式计算：

$$\Delta h = \frac{\sum_{i=1}^{5} h_{PLi} - \sum_{i=1}^{5} h_{PVi}}{5b}$$

⑥ 干涉条纹的间隔宽度，可取 3 个不同位置的平均值，即

$$b = \frac{b_1 + b_2 + b_3}{3}$$

⑦ 一般在 5 个取样长度上分别测出 5 个 Δh 值，以其平均值作为工件的表面粗糙度，即

$$R_z = \sum \frac{\Delta h}{5} \times \frac{\lambda}{2}$$

⑧ 根据定义也可以求出轮廓最大高度 R_y：

$$R_y = h_{峰\,max} - h_{谷\,min}$$

⑨ 做合格性判断。

⑩ 填写实验报告。

10.2.4 测量与误差分析报告

干涉显微镜检测表面粗糙度的测量与误差分析报告见表 10.3。

表 10.3　干涉显微镜检测表面粗糙度的测量与误差分析报告

检 测 报 告

编号：

测量项目：

测量工具：

测量方法及要求：

检测结果：

<table>
<tr><td rowspan="2">次序</td><td colspan="6">Ⅰ组读数/格</td><td colspan="6">Ⅱ组读数/格</td><td colspan="6">Ⅲ组读数/格</td><td colspan="6">Ⅳ组读数/格</td><td colspan="6">Ⅴ组读数/格</td></tr>
<tr><td colspan="3">$h_{峰}$</td><td colspan="3">$h_{谷}$</td><td colspan="3">$h_{峰}$</td><td colspan="3">$h_{谷}$</td><td colspan="3">$h_{峰}$</td><td colspan="3">$h_{谷}$</td><td colspan="3">$h_{峰}$</td><td colspan="3">$h_{谷}$</td><td colspan="3">$h_{峰}$</td><td colspan="3">$h_{谷}$</td></tr>
<tr><td></td><td colspan="3"></td><td colspan="3"></td><td colspan="3"></td><td colspan="3"></td><td colspan="3"></td><td colspan="3"></td><td colspan="3"></td><td colspan="3"></td><td colspan="3"></td><td colspan="3"></td></tr>
<tr><td></td><td colspan="3"></td><td colspan="3"></td><td colspan="3"></td><td colspan="3"></td><td colspan="3"></td><td colspan="3"></td><td colspan="3"></td><td colspan="3"></td><td colspan="3"></td><td colspan="3"></td></tr>
<tr><td></td><td colspan="3"></td><td colspan="3"></td><td colspan="3"></td><td colspan="3"></td><td colspan="3"></td><td colspan="3"></td><td colspan="3"></td><td colspan="3"></td><td colspan="3"></td><td colspan="3"></td></tr>
<tr><td></td><td colspan="3"></td><td colspan="3"></td><td colspan="3"></td><td colspan="3"></td><td colspan="3"></td><td colspan="3"></td><td colspan="3"></td><td colspan="3"></td><td colspan="3"></td><td colspan="3"></td></tr>
<tr><td></td><td colspan="3"></td><td colspan="3"></td><td colspan="3"></td><td colspan="3"></td><td colspan="3"></td><td colspan="3"></td><td colspan="3"></td><td colspan="3"></td><td colspan="3"></td><td colspan="3"></td></tr>
<tr><td>Σ</td><td colspan="3"></td><td colspan="3"></td><td colspan="3"></td><td colspan="3"></td><td colspan="3"></td><td colspan="3"></td><td colspan="3"></td><td colspan="3"></td><td colspan="3"></td><td colspan="3"></td></tr>
<tr><td rowspan="2">b_i</td><td colspan="2">b_1</td><td colspan="2">b_2</td><td colspan="2">b_3</td><td colspan="2">b_1</td><td colspan="2">b_2</td><td colspan="2">b_3</td><td colspan="2">b_1</td><td colspan="2">b_2</td><td colspan="2">b_3</td><td colspan="2">b_1</td><td colspan="2">b_2</td><td colspan="2">b_3</td><td colspan="2">b_1</td><td colspan="2">b_2</td><td colspan="2">b_3</td></tr>
<tr><td colspan="2"></td><td colspan="2"></td><td colspan="2"></td><td colspan="2"></td><td colspan="2"></td><td colspan="2"></td><td colspan="2"></td><td colspan="2"></td><td colspan="2"></td><td colspan="2"></td><td colspan="2"></td><td colspan="2"></td><td colspan="2"></td><td colspan="2"></td><td colspan="2"></td></tr>
<tr><td>b</td><td colspan="6"></td><td colspan="6"></td><td colspan="6"></td><td colspan="6"></td><td colspan="6"></td></tr>
<tr><td>R_z</td><td colspan="6"></td><td colspan="6"></td><td colspan="6"></td><td colspan="6"></td><td colspan="6"></td></tr>
<tr><td colspan="31"></td></tr>
<tr><td colspan="31">测得值</td></tr>
<tr><td>评定粗糙度结果</td><td colspan="30"></td></tr>
</table>

分析：

姓名

年　月　日

10.3 课题 3：表面粗糙度检测仪检测表面粗糙度

10.3.1 学习目的

① 了解表面粗糙度检测仪的工作原理及软件使用方法。
② 掌握表面粗糙度检测仪使用前零位调整方法。
③ 根据国家标准，评定表面粗糙度。
④ 判定被测件的合格性。

10.3.2 量具与测量仪器的选用

① 2205 型表面粗糙度检测仪（图 10.8）。
② 零件盘一只。
③ 被测件。
④ 全棉布数块。
⑤ 油石。
⑥ 汽油或无水酒精。
⑦ 防锈油。

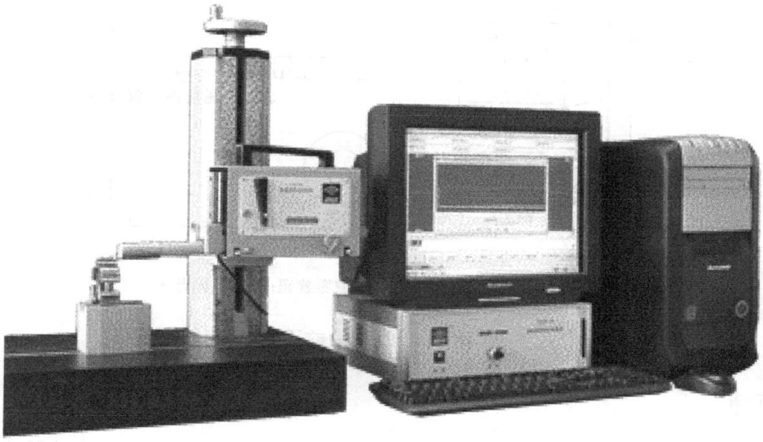

图 10.8　2205 型表面粗糙度检测仪外形

10.3.3 测量方法与测量步骤

1. 量仪介绍

2205 型表面粗糙度检测仪是评定零件表面质量的台式粗糙度仪。对平面、斜面、外圆柱面，内孔表面，深槽表面及轴承滚道等进行表面粗糙度检测，实现了表面粗糙度的多功能精密测量。其外形结构如图 10.8 所示。它是由驱动箱、传感器、电器箱、支臂、底座和计算机 6 个基本部件组成（部分部件分别如图 10.9～图 10.11 所示）。

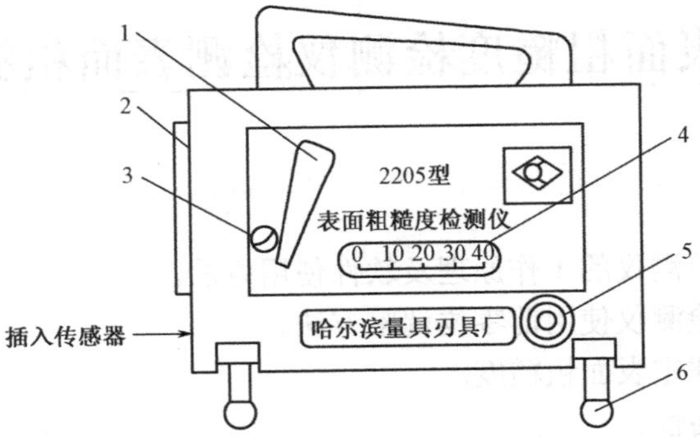

1—启动手柄；2—燕尾导轨；3—启动手柄限片；4—行程标尺；5—调整手轮；6—球形支承脚

图 10.9　驱动箱

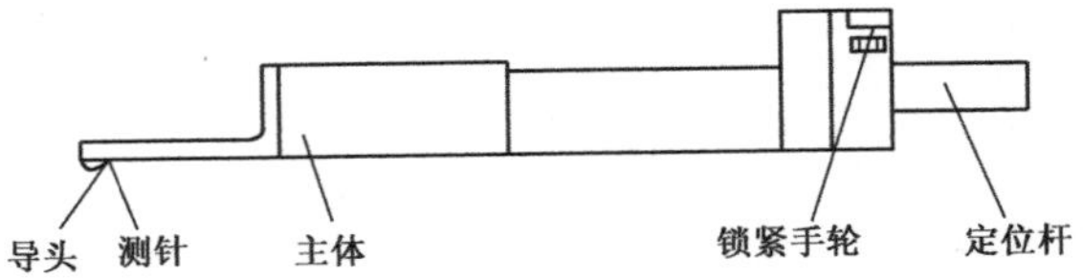

图 10.10　传感器

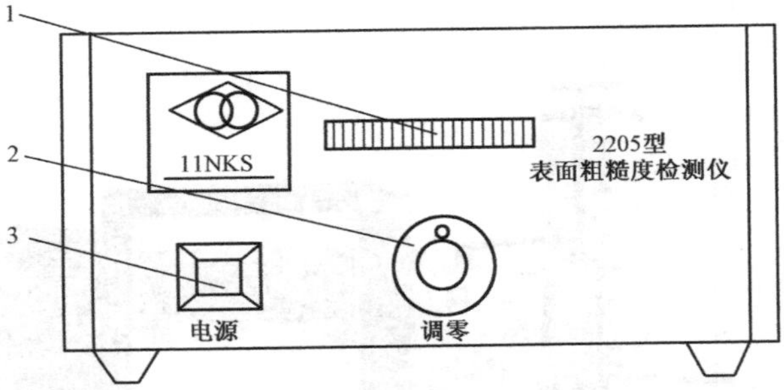

1—测针位移指示器；2—调零旋钮；3—电源开关

图 10.11　电器箱前面板

2. 工作原理

当测量工件表面粗糙度时，将传感器搭在工件被测表面上，由传感器探出的极其尖锐的棱锥形金刚石触针，沿着工件被测表面滑行，此时工件被测表面的粗糙度引起了金刚石测针的位移，该位移使线圈电感量发生变化，经过放大及电平转换之后进入数据采集系统，计算机自动对其采集的数据进行数字滤波和计算，得出测量结果，测量结果及图形在显示器上显示或打印输出。

3. 操作步骤

STEP 步骤

① 使用前准备和检查。

a. 将驱动箱可靠地装在立柱横臂上，松开锁紧手轮，使横臂能沿立柱导轨自如地升降。将传感器可靠地装在驱动箱上并锁紧；连接好仪器的全部接插件，检查接线是否正确。然后将各开关旋钮和手柄按测量要求拨至所需要的位置。最后将电源插头插在 220V，50 Hz 的电源上，开启电器箱电源开关，接通电源的顺序是电器箱→CRT 显示器→打印机，最后打开计算机电源。测量完成后，首先将启动手柄扳到启动手柄限片位置（左端），然后关闭所有电源。

b. 仪器附带有一块多刻线样板（图 10.12），它用于校验仪器的 R_0 值。在玻璃样板上面标示着工作区域和算术平均值 R_a 的鉴定值。使用样板对仪器进行校验时，应注意传感器运动方向必须与刻线方向垂直，并需要在样板所标示的工件区域内进行，否则不能保证校验结果的可靠性。每次使用样板前，必须将样板和传感器测头擦拭干净，以免有灰尘或其他脏物附着，给校验结果的准确性带来影响。

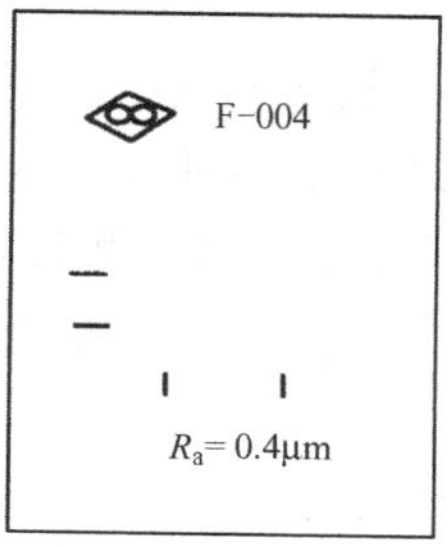

图 10.12 多刻线样板

c. 运行软件。打开计算机，启动表面粗糙度测量软件。程序将进行初始化，初始化完成以后，即可进入表面粗糙度测量主界面（图 10.13）。

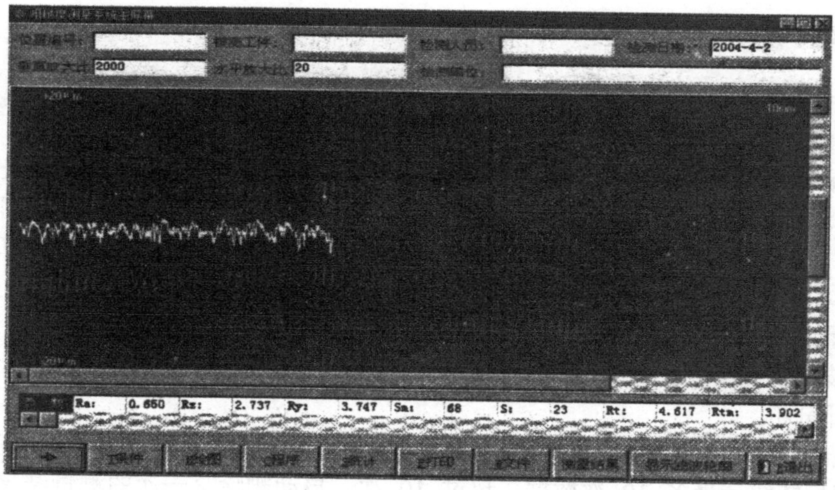

图 10.13 表面粗糙度测量主界面

其中有：

- 测量工件的基本属性输入框；
- 测量图像显示的水平和垂直放大比选择框；
- 测量图像的显示窗口；
- 测量结果参数的显示框；

- 显示当前测量条件的状态栏；
- 启动测量按钮。

d. 零位调整。进行测量前，调整升降手轮，使传感器测头与工件表面接触最佳。调整过程有两种显示方法：

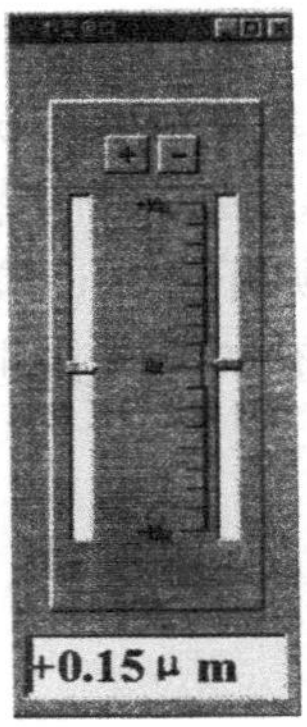

图 10.14　零位显示窗口

- 在粗糙度测量主界面中，用鼠标左键单击“数显窗口”的还原按钮后，则显示如图 10.14 所示的窗口。这个窗口将显示当前指针的位置，调整到显示值为 0 即可。
- 使电箱测针位移指示器的指示灯处于两个红带之间，即显示黄灯即可。

根据需要，用鼠标左键单击相应条件前面的白色圆形区域，这个条件就被选中，当选择完成后，用鼠标左键单击“确定”按钮，退出测量条件设置程序，程序将自动按所选择的测量条件完成设置，并依据这个条件进行测量工件。

② 选择测量功能。测量可分为单次测量和多次测量。多次测量与单次测量相同，只是在测量完成后，不需要把传感器返回到初始位置，可直接进行下一次测量。

③ 放置好被测工件。

④ 调整升降手轮，使传感器测头与工件表面接触。

⑤ 将启动手轮向左扳到启动手柄限片位置，同时将传感器带回到初始位置，再把启动手柄转到右端。

⑥ 用鼠标左键单击“测量”按钮。

NOTICE 注意

> 用鼠标左键单击“传感器滑行”按钮，传感器向前滑行。
> 用鼠标左键单击“传感器滑止”按钮，传感器停止滑行。

⑦ 用鼠标左键单击“启动测量”按钮，屏幕上端的窗口显示被测对象的表面轮廓，采样完成后，退出测量主程序窗口，回到粗糙度测量主界面，屏幕的中间区域根据当前的水平和垂直放大比显示数据轮廓，自动计算所有的粗糙度参数，测量结束后自动计算并显示在测量参数显示栏中。其测量结果主要包括 4 部分：

- 测量参数。
- 滤波轮廓。
- 统计分析。

屏幕显示如图 10.15 所示。

本系统只能统计最多 10 次数据，超过 10 次，自动删除第一次的测量结果，把测量数据整体向前移动一位。例如，第一次测量，被计入“1”，第二次测量被计入“2”，以此类推，末次测量数据被计入“10”。

“有效测量次数”显示框显示当前有效的测量次数。用鼠标左键单击“删除本次测量”按钮时，系统自动删除当前的测量数据。

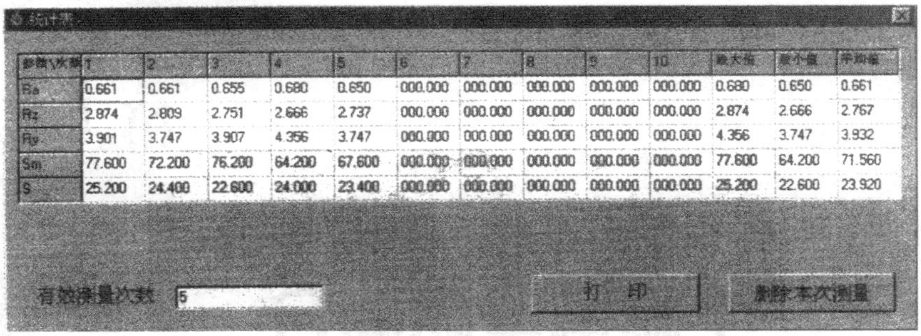

参数\次数	1	2	3	4	5	6	7	8	9	10	最大值	最小值	平均值
Ra	0.661	0.661	0.655	0.680	0.650	000.000	000.000	000.000	000.000	000.000	0.680	0.650	0.661
Rz	2.874	2.809	2.751	2.666	2.737	000.000	000.000	000.000	000.000	000.000	2.874	2.666	2.767
Ry	3.901	3.747	3.907	4.356	3.747	000.000	000.000	000.000	000.000	000.000	4.356	3.747	3.932
Sm	77.600	72.200	76.200	64.200	67.600	000.000	000.000	000.000	000.000	000.000	77.600	64.200	71.560
S	25.200	24.400	22.600	24.000	23.400	000.000	000.000	000.000	000.000	000.000	25.200	22.600	23.920

图 10.15　右手测量参数显示栏

- 特殊图像分析。

在粗糙度测量主界面中用鼠标左键单击“绘图”按钮，屏幕显示出：

C—B 重点为曲线和支承率曲线；

A—B 重点为幅度分布和支承率曲线；

C—N 重点为分析曲线和峰点个数；

B 重点为大屏幕显示支承率。

用鼠标左键单击“C—B：重点为曲线和支承率曲线”菜单，即可进入相应的曲线分析绘图。

⑧ 打印，用鼠标左键单击“打印”按钮。

4. 注意事项

NOTICE　注意

实验结束时，应小心地抬起传感器，然后再旋转升降手轮，使传感器脱开工件。

习题 10

1. 简述光切法的基本原理。
2. 光切显微镜的测量范围是多少？
3. 如何确定光切法显微镜物镜的放大率？
4. 怎样确定光切法显微镜的分度值？
5. 干涉显微镜测量范围是多少？
6. 简述干涉显微镜的操作步骤。
7. 如何计算干涉条纹弯曲度的平均值？
8. 表面粗糙度检测仪的主要优点是什么？
9. 表面粗糙度检测仪由哪几个部分组成？
10. 如何进行零位调整？
11. 简述表面粗糙度检测仪操作步骤。

第11章

三坐标测量机简介

三坐标测量机是 20 世纪 60 年代后期发展起来的一种高效率的精密测量仪器。它的出现，一方面是由于生产发展的需要，即高效率加工机床的出现，产品质量要求进一步提高，复杂立体形状加工技术的发展等都要求有快速、可靠的测量设备与之配合；另一方面是由于电子技术、计算机技术及精密加工技术的发展，为三坐标测量机的出现提供了技术基础。

三坐标测量机是用计算机采集、处理测量数据的新型高精度自动测量仪器（图 11.1）。它可以准确、快速地测量标准几何元素（如线、平面、圆、圆柱等）及确定中心和几何尺寸的相对位置。在一些应用软件的帮助下，还可以测量、评定已知的或未知的二维或三维开放式、封闭式曲线。三坐标测量机特别适用于测量箱体类零件的孔距和面距、模具、精密铸件、电子线路板、汽车外壳、发动机零件、凸轮及飞机形体等带有空间曲面的工件。因此，它与数控“加工中心”相配合，已具有“测量中心”的称号。

目前，三坐标测量机产品种类繁多。各厂家为满足用户需要，赢得良好信誉，不断推出精度高，性能好，使用方便，易于操作，又可满足用户一些特殊检测任务的测量机。尤其是软件开发越来越快，测量机自动化程度越来越高，测量越来越便捷，精度越来越高。下面介绍青岛前哨与美国合资生产的 ZOO/543 型三坐标测量机。

1. 仪器介绍

- 型号：ZOO/543。
- 生产厂家：青岛前哨与美国合资。
- 测量软件名称：EZ-DMIS。
- 结构形式：活动桥式。
- 组成元器件：主要有底座、工作台、立柱、测量头及三个运动方向的导轨等。

2. 测量原理简述

该三坐标测量机有三个互相垂直的运动导轨，上面分别装有光栅作为测量基准，并有高精度测量头。它采用触发、扫描等形式，通过对被测零件进行扫描，可测空间各点的坐标位置值，并将该值送到计算机内，借助计算机进行数学运算可求得待测的几何尺寸和相互位置尺寸，并输出显示和打印结果。

3. 三坐标测量机的操作步骤

STEP 步骤

① 启动测量机，用酒精、棉花清洁三坐标测量机。

② 根据测量软件要求，选择（输入）测座、测头、加长杆、测针（星形、柱形、针形）、标准球直径（是标准球校准后的实际直径值）等（有的软件要输入测针到测座中心的距离），同时要分别定义能够区别其不同角度、位置或长度的测头编号，即对测头进行定义。

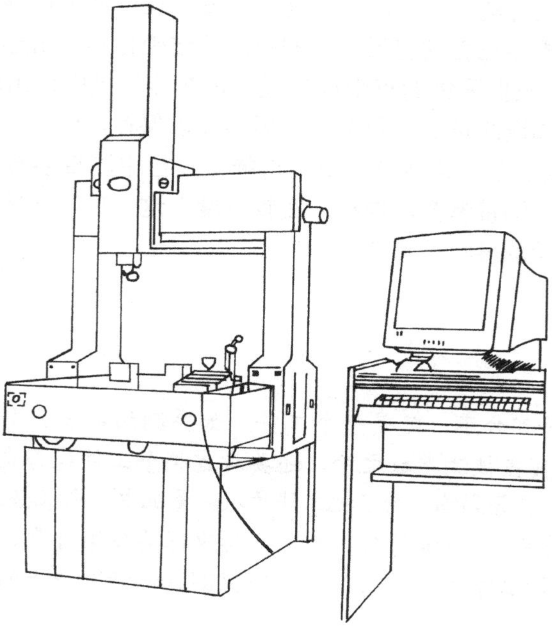

图 11.1 三坐标测量机

③ 用标准球进行测头校正，标准球的直径在 10～50mm 之间，其直径和形状误差都经过校准（厂家配置的标准球均有校准证书）。用手动、操纵杆、自动方式在标准球的最大范围内触测 5 点以上（一般推荐 7～11 点），点的分布要均匀。

④ 将被测工件放置在工作台上，目测将其放正后用橡皮泥固定住。

⑤ 坐标初始化，使三坐标测量机的坐标原点重新回到机器本身的三维坐标原点。测量中，往往选择工件的三维坐标作为测量基准。那么，上一个工件和下一个工件由于安放的位置不同，它们的三维坐标原点也有所不同。再经过一系列其他步骤，获得下一个工件的新的测量坐标基准。

⑥ 平面校基准：选择工件的某一面（通常选择与三坐标测量机工作台面平行的一面），在该表面上任意选取四点（所取四点位置尽量分散在工件平面的各个方向），由这四点决定一个平面，建立一个基准平面。然后对这一平面进行空间位置的校正，即当它与机器工作台面有一定的空间角度变化时，测量基准平面仍旧以它为基准，同时在空间偏转相同角度。这是因为所选工件的平面不一定与机器工作台面完全平行，通过对空间位置的校正就可以使测量的原始坐标平面始终跟着工件的形状变化而变化，而不用再进行校正。

⑦ 线校基准：选择与平面相交的某一边界线上的任意两点，由这两点决定一条直线，

建立一个基准坐标。然后对这一直线进行空间位置的校正，即当它与基准平面有一定的空间角度变化时，测量基准坐标仍旧以它为基准，同时在空间偏转相同的角度。这样就使测量的原始坐标始终跟着这一条线的变化而变化，而不用再进行校正。

⑧ X、Y、Z 坐标置零位：以基准平面和基准直线相交的点作为空间坐标的原点，即 X、Y、Z 轴坐标值均为零。在该点上赋值为零。从而这一点就成为本次测量的新坐标原点，以后选取的所有点的坐标都是相对于该点的坐标值。空间坐标原点的确定非常关键，往往选取零件图纸上的某个边界点作为基准点。

⑨ 点的选取：在工件上选取恰当的几个点，进行采集和存储。点的选取，必须多点采集。缓缓地移动三坐标测针的上下、左右和前后位置，在工件上探寻所要测量的点，听到机器发出鸣叫声，即表示机器已自动将所探寻的点的三维坐标存入机器内部。

⑩ 测量参数选择：根据采集的点坐标参量，再在计算机中调出所要测量参数的有关模块，单击该项功能就能知道测量的参数值，然后再加以保存，以备后面的数据处理之用。

⑪ 测线轮廓度时取点必须选两点以上，选择工具栏中测量参数中的“形位误差”这一项，然后单击工具栏中的测量参数，选择“线轮廓度”这一项，计算机系统就自动根据储存的两点坐标值，给出线轮廓度特征量值。

4. 注意事项

NOTICE 注意

① 工件所要测量的部分不一定是整个工件。如要测的部分集中在工件的某个局部，除了测量机的测量范围能覆盖被测参数之外，还要考虑整个工件能否在测量机上安置，要求工件质量对测量精度不带来显著影响。为了把工件放入测量机中，应根据工件大小选择测量机。

② 测座、测头（传感器）、加长杆、测针、标准球要安装可靠、牢固，不能松动、有间隙。检查安装的测针、标准球是否牢固后，要擦拭测针和标准球上的手印和污渍，保持测针和标准球清洁。

③ 校正测头时的测量速度应与测量时的速度一致。注意观察校正后测针的直径（是否与以前同样长度时的校正结果有大偏差）和校正时的形状误差。如果有很大变化，则要查找原因或清洁标准球和测针。重复进行 2～3 次校正，观察其结果的重复程度。检查测头、测针、标准球是否安装牢固，同时也检查机器的工作状态。

④ 当需要进行多个测头角度、位置或不同测针长度的测头校正时，校正后一定要检查校正效果（准确性）。方法是：全部定义的测头校正后，使用测球功能，用校正后的全部测头依次测量标准球，观察球心坐标的变化，如果有 1～2μm 的变化，则是正常的。如果变化比较大，则要检查测座、测头、加长杆、测针、标准球的安装是否牢固，这是造成这种现象的重要原因。

⑤ 更换测针（不同的软件方法不同），因为测针长度是测头自动校正的重要参数，如果出现错误，会造成测针的非正常碰撞，轻则碰坏测针，重则造成测头损坏，一定要注意。

⑥ 正确输入标准球直径。标准球直径值直接影响测针宝石球直径的校正值。虽然这是一个“小概率事件”，但是对初学者来说，这是可能发生的。

测头校正是测量过程中的重要环节，在校正中产生的误差将加入到测量结果中，尤其是使用组合测头（多测头角度、位置和测针长度）时，校正的准确性特别重要。当发现问题再重新检查测头校正的效果时，会浪费宝贵的时间和增加工作量。

5．测量报告

三坐标测量报告见表 11.1。

表 11.1　三坐标测量报告

检 测 报 告

编号：

测量项目：

测量零件简图：

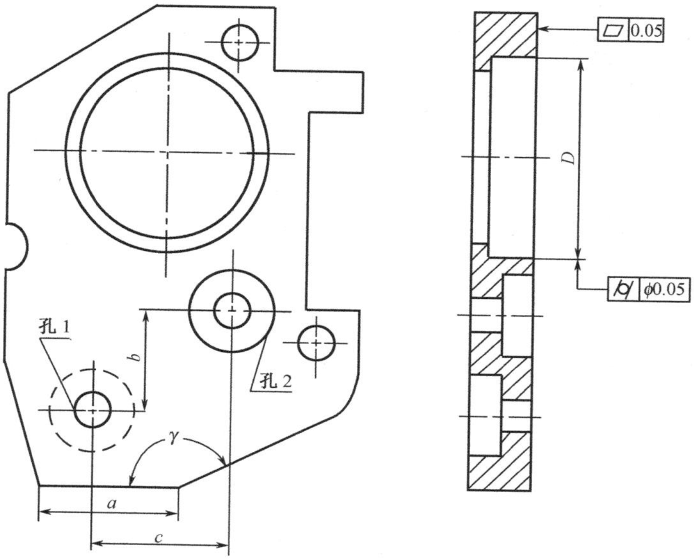

测量工具：________________________________

____

测量方法及要求：________________________________

____

检测结果：

测量位置 / 内容							
测量值（1）							
测量值（2）							
合格							
不合格							
加工后仍可用							

分析：________________________________

____

____

____

姓名__________

年　月　日

习题 11

1．为什么称三坐标测量机为“测量中心”？

2．在三坐标测量机上测量轮廓度时，为什么要首先建立工件坐标系？建立坐标系有何要求？

3．三坐标测量机测量时，为什么要先指定测头类型？

4．用三坐标测量机测量和用量具、仪器测量，它们的优缺点各有哪些？

附 录 A

表 A.1 常用及优先用途轴的极限偏差（GB/T 1800.2—2009）

基本尺寸/mm		常用及优先公差带（带圈者为优先公差带）/ μm												
		a	b		c			d				e		
大于	至	11	11	12	9	10	⑩	8	⑨	10	11	7	8	9
-	3	-270 -330	-140 -200	-140 -240	-60 -85	-60 -100	-60 -120	-20 -34	-20 -45	-20 -60	-20 -80	-14 -24	-14 -28	-14 -39
3	6	-270 -345	-140 -215	-140 -260	-70 -100	-70 -118	-70 -145	-30 -48	-30 -60	-30 -78	-30 -115	-20 -32	-20 -38	-20 -50
6	10	-280 -370	-151 -240	-150 -300	-80 116	-80 -138	-80 -170	-40 -62	-40 -76	-40 -98	-40 -130	-25 -40	-25 -47	-25 -61
10	14	-290 -400	-150 -260	150 -330	-95 -138	-95 -165	-95 -205	-50 -77	-50 -93	-50 -120	-50 -160	-32 -50	-32 -59	-32 -75
14	18													
18	24	-300 -430	-160 290	-160 -370	-110 -162	-110 -194	-110 -240	-65 -98	-65 -117	-65 -149	-65 -195	-40 -61	-40 -73	-40 92
24	30													
30	40	-310 -470	-170 -330	-170 -420	-120 -182	-120 -220	-120 -280	-80 -119	-80 -142	-80 -180	-80 -240	-50 -75	-50 -89	-50 -112
40	50	-320 -480	-180 -340	-180 -430	-130 -192	-130 -230	-130 -290							
50	65	-340 -530	-190 -380	-190 -490	-140 -214	-140 -260	-140 -330	-100 -146	-100 -174	-100 -290	-100 -290	-60 -90	-60 -106	-60 -134
65	80	-360 -550	-200 -390	-200 -500	-150 -224	-150 -270	-150 -340							
80	100	-380 -600	-220 -440	-220 -570	-170 -257	-170 -310	-170 -390	-120 -174	-120 -207	-120 -260	-120 -340	-72 -107	-72 -126	72 -159
100	120	-410 -630	-240 -460	-240 -590	-180 -267	-180 -320	-180 -400							
120	140	-460 -710	-260 -510	-260 -660	-200 -300	-200 -360	-200 -450	-145 -208	-145 -245	-145 -305	-145 -390	-85 -125	-85 -148	-85 -185
140	160	-520 -770	-280 -530	-280 -680	-210 -310	-210 -370	-210 -460							
160	180	-850 -830	-310 -560	-310 -710	-230 -330	-230 -390	-230 -480							
180	200	-660 -950	-340 630	-340 -800	-240 -355	-240 -425	-240 -530	-170 -242	170 -285	-170 -355	-170 -460	-100 -146	-100 -172	-100 -215
200	225	-740 -1030	-380 670	-380 -840	-260 -375	-260 -445	—260 -550							
225	250	-820 -1H0	-420 -710	-420 -880	-280 -395	-280 -465	-280 -570							

续表

基本尺寸/mm		常用及优先公差带（带圈者为优先公差带）/ μm												
		a	b		c			d				e		
大于	至	11	11	12	9	10	⑩	8	⑨	10	11	7	8	9
250	280	−920 −1240	−480 −800	−480 −1000	−300 −430	−300 −510	−300 −620	−190 −271	−190 −320	−190 −400	−190 −510	−110 −162	−110 −191	−110 −240
280	315	−1050 −1370	−540 −860	−540 1060	−330 −460	−330 −540	−330 −650							
315	355	−1200 −1560	−600 −960	−600 −1170	−360 −500	−360 −590	−360 −720	−210 −299	−210 −350	−210 −440	−210 −570	−125 −182	−125 −214	−125 −265
335	400	−1350 −1710	−680 −1040	−680 −1250	−400 −540	−400 −630	−400 −760							
400	450	1500 1900	−760 −1160	−760 −1390	−440 −595	−440 −690	−440 −840	−230 −327	−230 −385	−230 −480	−230 −630	−135 −198	−135 −232	−135 −200
450	500	−1650 −2050	−840 −1240	−840 −1470	−480 −635	−480 −730	−480 −880							

−	3	−6 −10	−6 12	−6 −16	−6 −20	−6 −31	−2 −6	−2 −8	−2 −12	0 −4	0 −6	0 −10	0 −14	0 −25	0 −40	0 −60	0 −100
3	6	−10 −15	−10 −18	−10 −22	−10 −28	−10 −40	−4 −9	−4 −12	−4 −16	0 −5	0 −8	0 −12	0 −18	0 −30	0 −48	0 −75	0 −120
6	10	−13 −19	−13 −22	−13 −28	−13 −35	−13 −49	−5 −11	−5 −14	−5 −20	0 −6	0 −9	0 −15	0 −22	0 −36	0 −58	0 −90	0 −150
10	14	−16 −24	−16 −27	−16 −34	−16 −43	16 −59	−6 −14	−6 −17	−6 −24	0 −8	0 −11	0 −18	0 −27	0 −43	0 −70	0 −110	0 −180
14	18																
18	24	−20 −29	−20 −33	−20 −41	−20 −53	−20 −72	−7 −16	−7 −20	−7 −28	0 −9	0 −13	0 −21	0 −33	0 −52	0 −84	0 −130	0 −210
24	30																
30	40	−25 −36	−25 −41	−25 −50	−25 −64	−25 −87	−9 −20	−9 −25	−9 −34	0 −11	0 −16	0 −25	0 −39	0 −62	0 −100	0 −160	0 −300
40	50																
50	65	−30 −43	−30 −49	−30 −60	−30 −76	−30 −104	−10 −23	−10 −29	−10 −40	0 −13	0 −19	0 −30	0 −46	0 −74	0 −120	0 −190	0 −300
65	80																
80	100	−36 −51	−36 −58	−36 −71	−36 −90	−36 −123	−12 −27	−12 −34	−12 −47	0 −15	0 22	0 −35	0 −54	0 −87	0 −140	0 −220	0 −350
100	120																
120	140	−43 61	−43 −68	−43 −83	−43 −106	−43 −143	−14 −32	−14 −39	−14 −54	0 −18	0 −25	0 −40	0 −63	0 −100	0 −160	0 −250	0 −400
140	160																
160	180																
180	200	−50 −70	−50 −79	−50 −96	−50 −122	−50 −165	−15 −35	−15 −44	−15 −61	0 −20	0 −29	0 −46	0 −72	0 −115	0 −185	0 −290	0 460
200	225																
225	250																
250	280	−56 −79	−56 −88	−56 −108	−56 −137	−56 −186	−17 −40	−17 −49	−17 −69	0 −23	0 −32	0 −52	0 −81	0 −130	0 −210	0 −320	0 −520
280	315																
315	355	−62 −87	−62 −98	−62 −119	−62 −151	−62 −202	−18 −43	−18 −54	−18 −75	0 −25	0 −36	0 −57	0 −89	0 −140	0 −230	0 −360	0 −570
355	400																
400	450	−68 −95	−68 −108	−68 −131	−68 −165	−68 −223	−20 −47	−20 −60	−20 −83	0 −27	0 −40	0 −63	0 −97	0 −155	0 −250	0 −400	0 −630
450	500																

续表

基本尺寸/mm		常用及优先公差带（带圈者为优先公差带）/ μm														
		Js			k			m			n			p		
大于	至	5	6	7	5	⑥	7	5	6	7	5	⑥	7	5	⑥	7
	3	±2	±3	±5	+4 0	+6 0	+10 0	+6 +2	+8 +2	+12 +2	+8 +4	+10 +4	+14 +4	+10 +6	+12 +6	+16 +6
3	6	±5	±4	±6	+6 +1	+9 +1	+13 +1	+9 +4	+12 +4	+16 +4	+13 +8	+16 +8	+20 +8	+17 +12	+20 +12	+24 +12
6	10	±3	±4.5	±7	+7 +1	+10 +1	+16 +1	+12 +6	+15 +6	+21 +6	+16 +10	+19 +10	+25 +10	+21 +15	+24 +15	+30 +15
10 14	14 18	±4	±5.5	±9	+9 +1	+12 +1	+19 +1	+15 +7	+18 +7	+25 +7	+20 +12	+23 +12	+30 +12	+26 +18	+29 +18	+36 +18
18 24	24 30	±4.5	±6.5	±10	+11 +2	+15 +2	+23 +2	+17 +8	+21 +8	+29 +8	024 +15	+28 +15	+36 +15	+31 +22	+35 +22	+43 +22
30 40	40 50	±5.5	±8	±12	+13 +2	+18 +2	+27 +2	+20 +9	+25 +9	+34 +9	+28 +17	+33 +17	+42 +17	+37 +26	+42 +26	+51 +26
50 65	65 80	±6.5	±9.5	±15	+15 +2	+21 +2	+32 +2	+24 +11	+30 +11	+41 +11	+33 +20	+39 +20	+50 +20	+45 +32	+51 +32	+62 +32
80 100	100 120	±7.5	±11	±17	+18 +3	+25 +3	+38 +3	+28 +13	+35 +13	+48 +13	+38 +23	+45 +23	+58 +23	+52 +37	+59 +37	+72 +37
120 140 160	140 160 180	±9	±2.5	±20	+21 +3	+28 +3	+43 +3	+33 +15	+40 +15	+55 +15	+45 +27	+52 +27	+67 +27	+61 +43	+68 +43	+83 +43
180 200 225	200 225 250	±10	±4.5	±23	+24 +4	+33 +4	+50 +4	+37 +17	+46 +17	+63 +17	+51 +31	+60 +31	+77 +31	+70 +50	+79 +50	+96 +50
250 280	280 315	±1.5	±16	±26	+27 +4	+36 +4	+56 +4	+43 +20	+52 +20	+72 +20	+57 +34	+66 134	+86 +34	4–79 +56	+88 +56	+108 +56
315 355	355 400	±2.5	±18	±28	+29 +4	+40 +4	+61 +4	+46 +21	+57 +21	+78 +21	+62 +37	+73 +37	+94 +37	+87 +62	+98 +62	+119 +62
400 450	450 500	±3.5	±20	±31	+32 +5	+45 +5	+68 +5	+50 +23	+63 +23	+86 +23	+67 +40	+80 +40	+103 +40	+95 +68	+108 +68	+131 +68
	3	+14 +10	+16 +10	+20 +10	+18 +14	+20 +14	+24 +14				+24 +18	+28 +18		+26 +20		+32 +26
3	6	+20 +15	+23 +15	+27 +15	+24 +19	+27 +19	+31 +19				+31 +23	+35 +23		+36 +28		+43 +35
6	10	+25 +19	+28 +19	+34 +19	+29 +23	+32 +23	+38 +23				+37 +28	+43 +28		+43 +34		+51 +42
10	14	+31 +23	+34 +23	+41 +23	+36 +28	+39 +28	+46 +28				+44 +33	+51 +33		+51 +40		+61 +50
14	18												+50 +39	+56 +45		+71 +60
18	24	+37 +28	+41 +28	+49 +28	+44 +35	+48 +35	+56 +35				+54 +41	+62 +41	+60 +47	+67 +54	+76 +63	+86 +73

续表

基本尺寸/mm		常用及优先公差带（带圈者为优先公差带） / μm														
		Js			k			m			n			p		
大于	至	5	6	7	5	⑥	7	5	6	7	5	⑥	7	5	⑥	7
24	30							+50 +41	+54 +41	+62 +41	+61 +48	+69 +48	+68 +55	+77 +64	+88 +75	+101 +88
30	40	+45	+50	+59	+54	+59	+68	+59 +48	+64 +48	+73 +48	+76 +60	+85 +60	+84 +68	+96 +80	+110 +94	+128 +112
40	50	+34	+34	+34	+43	+43	+43	+65 154	+70 +54	+79 +54	+86 +70	+95 +70	+97 +81	+113 +97	+130 +114	+152 +136
50	65	+54 +41	+60 +41	+71 +41	+66 +53	+72 +53	+83 +53	+79 +66	+85 +66	+96 +66	+106 +87	+117 +87	+121 +102	+141 +122	+163 +144	+191 +172
65	80	+56 +43	+62 +43	+73 +43	+72 +59	+78 +59	+89 +59	+88 +75	+94 +75	+105 +75	+121 +102	+132 +102	+139 +120	+165 +146	+193 +174	+229 +210
80	100	+66 +51	+73 +51	+86 +51	+86 +71	+93 +71	+106 +91	+106 +91	+113 +91	+126 +91	146 +124	+159 +124	+168 +146	+200 +178	+236 +214	+280 +258
100	120	+69 +54	+76 +54	+89 054	+94 +79	+101 +79	+114 +79	+110 0104	+126 +104	+136 +104	+166 +144	+179 +144	+194 +172	+232 +210	+276 +254	+332 +310
120	140	+81 +63	+88 +63	+103 +63	+110 +92	+117 +92	+132 +92	+140 +122	+147 +122	+162 +122	+195 +170	+210 +170	+227 +202	+273 +248	+325 +300	+390 +365
140	160	+83 +65	+90 +65	+150 +65	+118 +100	+125 +100	+140 +100	+152 +134	+159 +134	+174 +134	+215 +190	+230 +190	+253 +228	+305 +280	+365 +340	+440 1415
160	180	+86 +68	+93 +68	+108 +68	+126 +108	+133 +108	+148 1108	+164 +146	+171 +146	+186 +146	+235 +210	+250 +210	+277 +252	+335 +310	+405 +380	+490 +465
180	200	+97 +77	+106 +77	+123 +77	+142 +122	+151 +122	+168 +122	+185 +166	+195 +166	+212 +166	+265 +236	+282 +236	+313 +284	+379 +350	+454 +425	+549 +520
200	225	+100 +80	+109 +80	+126 +80	+150 +130	+159 +130	+176 +130	+200 +180	+209 +180	+226 +180	+287 +258	+304 +258	+339 +310	+414 +385	+499 +470	+604 +575
225	250	+104 +84	+113 +84	+130 +84	+160 +140	+169 +140	+186 +140	+216 +196	+225 +196	+242 +196	+313 +284	+330 +284	+369 +340	+454 +425	+549 +520	+669 640
250	280	+117 +94	+126 +94	+146 +94	+181 +158	+290 +158	+210 +158	+241 +218	+250 +218	+270 +218	+347 +315	+367 +315	+417 +385	0507 +475	+612 +680	+742 +710
280	315	+121 +98	+130 +98	+150 +98	+193 +170	+202 +170	+222 +170	+263 0240	+272 +240	+292 +240	+382 +350	+402 +350	+457 1425	+557 +525	+682 +650	+822 +790
315	355	+133 +108	+144 +108	+165 +108	+215 +190	+226 +190	+247 +190	+293 +268	+304 0268	+325 +268	+426 +390	+447 +390	+511 +475	+626 +590	+766 +730	+936 +900
355	400	+139 +114	+150 +114	+171 +114	+233 +208	+244 +208	+265 +208	+319 +294	+330 +294	+351 +294	+471 +435	+492 +435	+566 +530	+696 +660	+856 +820	+1036 +1000
400	450	+153 +126	+166 +126	+189 +126	+259 +232	+272 +232	+295 +232	+357 +330	+370 +330	+393 +330	+530 +490	+553 +490	+635 +595	+780 +740	+960 +920	11140 +1100
450	500	+159 +132	+172 +132	+195 +132	+279 +252	+292 +252	+315 +252	+387 +360	+400 +360	+423 +360	+580 +540	+603 +540	+700 +660	+860 +820	+1040 +1000	+1290 +1250

表A.2 常用及优先用途孔的极限偏差（GB/T 1800.2—2009）

基本尺寸 / mm		常用及优先公差带（带圈者为优先公差带） / μm														
		A	B		C	D				E		F				G
大于	至	11	11	12	11	8	⑨	10	11	8	9	6	7	⑧	9	6
–	3	+330 +270	+200 +140	+240 +140	+120 +60	+34 +20	+45 +20	+60 +20	+80 +20	+28 +14	+39 +14	+12 +6	+16 +6	+20 +6	+31 +6	+8 +2
3	6	+345 +270	+215 +140	+260 +140	+145 +70	+48 +30	+60 +30	+78 +30	+105 +30	+38 +20	+50 +20	+18 +10	+22 +10	+28 +10	+40 +10	+12 +4
6	10	+370 +280	+240 +150	+300 +150	+170 +80	+62 +40	+76 +40	+98 +40	+170 +40	+47 +25	+61 +25	+22 +13	+28 +13	+35 +13	049 +13	+14 +5
10	14	+400	+260	+330	+205	+77	+93	+120	+160	+59	+75	+27	+34	+43	+59	+17
14	18	+290	+150	+150	+95	+50	+50	+50	4–50	+32	+32	+46	+16	+16	+16	+6
18	24	+430	+290	+370	+240	+98	+117	+149	+195	+73	+92	+33	+41	+53	+72	+20
24	30	+300	+160	+160	+110	+65	+65	+65	+65	+40	+40	+20	+20	+20	020	+7
30	40	+470 +310	+330 +170	+420 +170	+280 +170	+119 +80	+142 +80	+180 +80	+240 +80	+89 +50	+112 +50	+41 +25	+50 +25	+64 +25	+87 +25	+25 +9
40	50	+480 +320	+340 +180	+430 +180	+290 +180											
50	65	+530 +340	+389 +190	+490 +190	+330 +140	+146 +100	+170 +100	+220 +100	+290 +100	+106 +60	+134 +80	+49 +30	+60 +30	+76 +30	+104 +30	+29 +10
65	80	+550 +360	+330 +200	+500 +200	0340 +150											
80	100	+600 +380	+440 +220	+570 +220	+390 +170	+174 +120	+207 +120	+260 +120	+340 +120	+126 +72	+159 +72	+58 +36	+71 +36	090 +36	+123 +36	+34 +12
100	120	+630 +410	+460 +240	+590 +240	+400 +180											
120	140	+710 +460	+510 +260	+660 +260	+450 +200	+208 +145	+245 +145	+305 +145	+395 0145	+148 +85	+135 +85	+68 +43	+83 +43	+106 +43	+143 +43	+39 +14
140	160	+770 +520	+530 +280	+680 +280	+460 +210											
160	180	+830 +580	+560 +310	+710 +310	+480 +230											
180	200	+950 +660	+630 +340	+800 +340	+530 +240	+240 +170	+285 +170	+355 +170	+460 +170	+172 +100	+215 +100	+79 +50	+96 +50	+122 +50	+165 +50	+44 +15
200	225	+1030 +740	+670 +380	+840 +380	+550 +260											
225	250	+1110 +820	+710 +4,20	+880 +420	+570 +280											
250	280	+1240 +320	+800 +480	01000 +480	+620 +300	+271 +190	+320 +190	+400 +190	+510 +190	+191 +110	+240 +110	+88 +56	+108 +56	0137 +56	+186 +56	+49 +17
280	315	+1370 +1050	+860 +540	+1060 +540	+650 +330											

续表

基本尺寸 / mm		常用及优先公差带（带圈者为优先公差带）/ μm														
		A	B		C	D				E		F				G
大于	至	11	11	12	11	8	⑨	10	11	8	9	6	7	⑧	9	6
315	355	+1560 +1200	+960 +600	+1170 +600	+720 +360	+299 +210	+350 +210	1440 +210	+570 +210	+214 +125	+265 +125	+98 +62	+119 +62	+15+ +62	’ –202 +62	+54 +18
355	400	+1710 +1350	+1040 +680	+1250 +680	+760 1400											
400	450	+1900 +1500	+1160 +760	+1390 +760	+840 +440	+327 +230	+385 +230	+480 +230	+630 +230	+232 ++35	+290 +135	+108 +68	+131 +68	+165 +68	+223 +68	+60 +20
450	500	+2050 +1650	+1240 +840	+1470 +840	+880 +480											

	3	+12 +2	+6 +0	+10 0	+14 0	+25 0	+40 0	+60 0	+100 0	±3	±5	±7	0 –6	0 –10	0 –11	–2 –8	–2 –12	–2 –16
3	6	–16 –4	+8 0	+12 0	+18 0	+30 0	+48 0	+75 0	+120 0	±4	±6	±9	+2 –6	+3 –9	+5 –13	–1 –9	0 –12	+2 –16
6	10	+20 +5	+9 0	+15 0	+22 0	+36 0	+58 0	+90 0	+150 0	±4.5	±7	±11	+2 –7	+5 –10	+6 –16	–3 –12	0 –15	+1 –21
10 14	14 18	+24 +6	+11 0	+18 0	+27 0	+43 0	+70 0	+110 0	+180 0	±5.5	±9	±13	+2 –9	+6 –12	+8 –19	–4 –15	0 –18	+2 –25
18 24	24 30	+28 +7	+13 0	+21 0	+33 0	+52 0	+84 0	+130 0	+210 0	±6.5	±10	±16	+2 –11	+6 –15	+10 –22	–4 –17	0 –21	+4 –29
30 40	40 50	+34 +9	+16 0	+25 0	+39 0	+62 0	100 0	+160 0	+250 0	±8	±12	±19	+3 –13	+7 –18	+12 –27	–4 –20	0 –25	+5 –34
50 65	65 80	+40 +10	+19 0	+30 0	+46 0	+74 0	+120 0	1190 0	+300 0	±9.5	±15	±23	+4 –15	+9 –21	+14 –32	–5 –24	0 +30	+5 –41
80 100	100 120	+47 +12	+22 0	+35 0	+54 0	+87 0	+140 0	+220 0	+350 0	±11	±17	±27	+4 –18	+10 –25	+16 –33	–6 –28	0 –35	+6 –43
120 140 160	140 160 180	+54 +14	+25 0	+40 0	+63 0	+100 0	+160 0	+250 0	+400 0	±2.5	±20	±31	+4 –21	+12 –28	+20 –43	–8 –33	0 –40	+8 –55
180 200 225	200 225 250	+61 +15	+29 0	+46 0	+72 0	+115 0	+185 0	+290 0	+460 0	±4.5	±23	±36	+5 –24	+13 –33	+22 –50	–8 –37	0 –46	+9 –63
250 280	280 315	+69 +17	+32 0	+52 0	+81 0	+130 0	+210 0	+320 0	+520 0	±16	±26	±40	+5 –27	+16 –36	+25 –56	–9 –41	0 –52	+9 –72
315 355	355 400	+75 +18	+36 0	+57 0	+89 0	+140 0	1230 0	+360 0	+570 0	±18	±28	±44	+7 –29	+17 –40	+28 –61	–10 –46	0 –57	+11 –78
400 450	450 500	+83 +20	+40 0	+63 0	+97 0	+155 0	+250 0	+400 0	+630 0	±20	±31	±48	+8 –32	+18 –45	+29 –68	–10 –50	0 –63	+11 –86

续表

基本尺寸/mm		常用及优先公差带（带圈者为优先公差带）/ μm											
		N			P		R		S		T		U
大于	至	6	⑦	8	6	⑦	6	7	6	⑦	6	7	⑦
	3	-4 -10	-4 -14	-4 -18	-6 -12	-6 -16	-10 -16	-10 -20	-14 -20	-14 -24			-18 -28
3	6	-5 -13	-4 -16	-2 -20	-9 -17	-8 -20	-12 -20	-11 -23	-16 -24	-15 -27			-19 -31
6	10	-7 -16	-4 -19	-3 -25	-12 -21	-9 -24	-16 -25	-13 -28	-20 -29	-17 -32			-22 -37
10	14	-9 -20	-5 -23	-3 -30	-15 -26	-11 -29	-20 -31	-16 -34	-25 -36	-21 -39			-26 -44
14	18												
18	24	-11 -24	-7 -28	-3 -36	-18 -31	-14 -35	-24 -37	-20 -41	-31 -44	-27 -48			-33 -54
24	30										-37 -50	-33 -54	-40 -61
30	40	-12 -28	-8 -33	-3 -42	-21 -37	-17 -42	-29 -45	-25 -50	-38 -54	-34 -59	-43 -59	-39 -64	-51 -76
40	50										-49 -65	-45 -70	61 -76
50	65	-14 -33	-9 -39	-4 -50	-26 -50	-21 -51	-35 -54	-30 -60	-47 -66	-42 -72	-60 -79	-55 -85	-86 -106
65	80						-37 -56	-32 -62	-53 -72	-48 -78	-69 -88	-64 -94	-91 -121
80	100	16 -38	-10 -45	-4 -58	-30 -52	-24 -59	-44 -66	-38 -73	-64 -86	-58 -93	-84 -106	-78 -113	-111 -146
100	120						-47 -69	-41 -76	-72 -94	-66 -101	-97 -119	-91 -126	-131 -166
120	140	-20 -45	-12 -52	-4 -67	-36 -61	-28 -68	-56 -81	-48 -88	-85 -110	-77 -117	-115 -140	-107 -147	-1 55 -195
140	160						-58 -83	-50 -90	-93 -118	-85 -125	-137 -152	-110 159	-175 -215
160	180						-61 -86	-53 -93	-101 -126	-93 -133	-139 -164	-131 -171	-195 -235
180	200	-22 -51	-14 -60	-5 -77	-41 -70	-33 -79	-68 -97	-60 -106	-113 -142	-101 -155	-157 -186	-149 -195	-219 -265
200	225						-71 -100	-63 -109	-121 -150	-113 -159	-171 -200	-163 -209	-241 -287
225	250						-75 -104	-67 -113	-131 -160	-123 -169	-187 -216	-179 -225	-317 -263
250	280	-25 -57	-14 -66	-5 -86	-47 -79	-36 -88	-85 -117	-74 -126	-149 -181	-138 -190	-209 -241	-198 -250	-295 -347
280	315						-89 -121	-78 -130	-161 -193	-150 -202	-231 -263	-220 -272	-330 -382

续表

基本尺寸/mm		常用及优先公差带（带圈者为优先公差带）/μm											
		N			P		R		S		T		U
大于	至	6	⑦	8	6	⑦	6	7	6	⑦	6	7	⑦
315	355	−26 −62	−16 −73	−5 −94	−51 −87	−41 −98	−97 −133	−87 −144	−179 −215	−169 −226	−257 −Z93	−247 −304	−369 426
355	400						−103 −139	−93 −150	−197 −233	−187 −244	−283 −319	−273 −330	−414 −471
400	450	−27 −67	−17 −80	−6 −103	−55 −95	−45 −108	−113 −153	−103 −166	−219 −259	−209 −272	−317 −357	−307 −370	−467 −530
400	500						−119 −159	−109 −172	−239 −279	−229 −292	−347 −387	−337 −400	−517 −580

附 录 B

表 B.1 测量常用计算方法

测量项目	简 图	计算公式	备 注
直线度误差评定（两端点连线法）	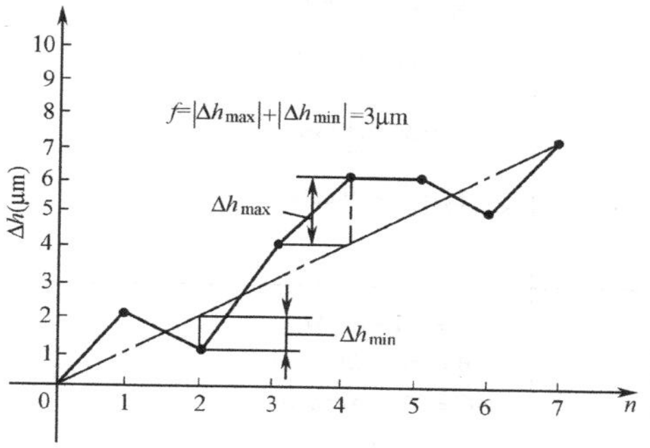	首先求出各点到两端点连线的纵坐标距离Δh_i，然后取其中最大正值Δh_{max}和最小负值Δh_{min}的绝对值之和为直线度误差f，即： $f=\lvert\Delta h_{max}\rvert+\lvert\Delta h_{min}\rvert$ Δh_i的计算公式如下： $\Delta h_i=\sum_{i=1}^{i}a_i-\frac{i}{n}\sum_{i}^{n}a_i$ 式中，a_i——第i个跨距（或第i个测量点）的仪器读数示值 n——跨距（或测量点）数目	
简单几何尺寸的测量与计算	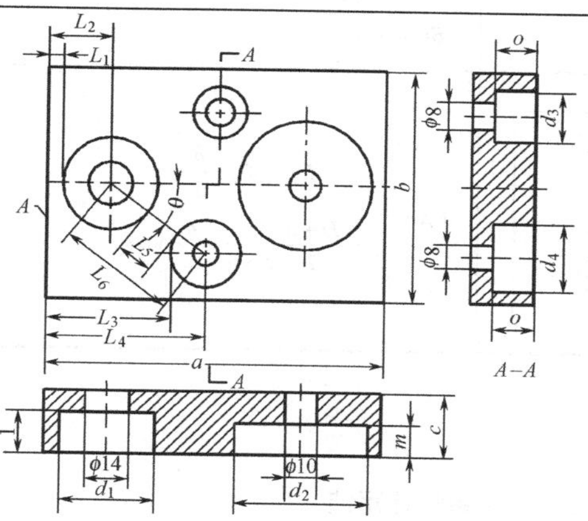	已知大孔直径为ϕemm，小孔直径为ϕhmm，试求θ角的大小，见简图 1．量出大孔的边与 A 边的距离L_1，计算出L_2的值 2．量出小孔的边与 A 边的距离L_3，计算出L_4的值 3．量出小孔边与大孔边的距离L_5，计算出L_6的值 4．求出θ角 $\theta=\arccos\frac{L_4-L_2}{L_6}$	
间接法测量	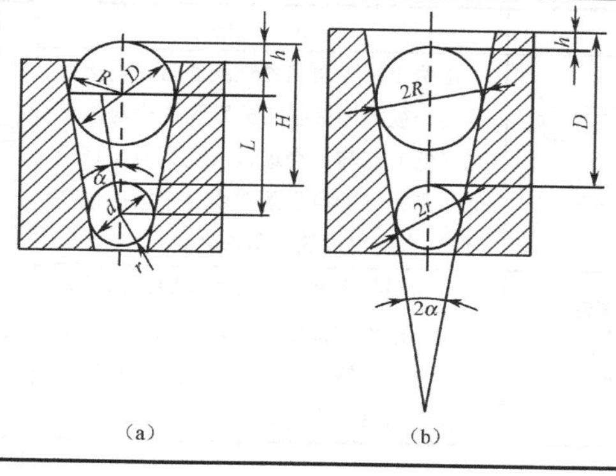	用钢球法测量锥孔锥角[（a）图] $\sin\alpha=\frac{R-r}{H+h-R+r}$ 用钢球法测量锥孔锥角[（b）图] $\sin\alpha=\frac{R-r}{H+r-(R+h)}$ 式中，R, r——大、小钢球半径 h, H——大、小钢球距孔边的距离	

续表

测量项目	简图	计算公式	备注
燕尾槽测量	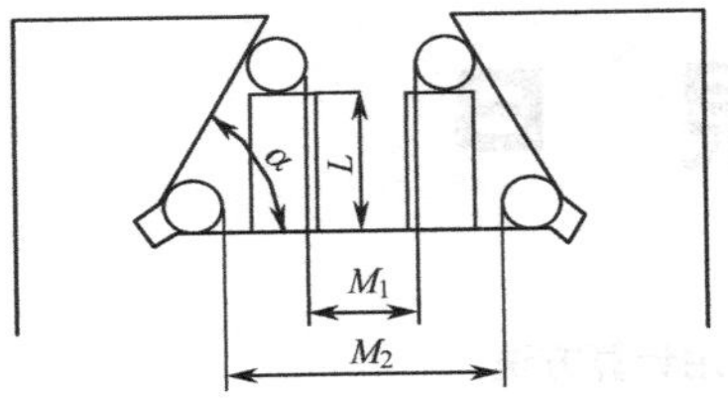	用圆柱及量块测量燕尾槽角度α $\alpha=\arctan(\frac{2L}{M_2-M_1})$	
线与线交点尺寸的测量	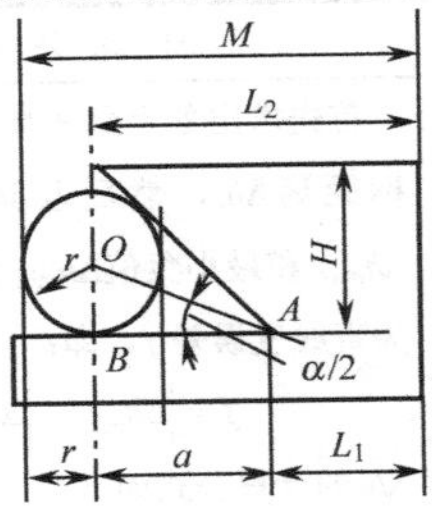	① $L_1=M-(r+a)$ $=M-r-\cot\frac{\alpha}{2}\cdot r$ $=M-r\left(1+\cot\frac{\alpha}{2}\right)$ ② $L_2=L_1+H\cot\alpha$	已知α，r，M，H，求L_1，L_2
线与圆弧交点尺寸的测量	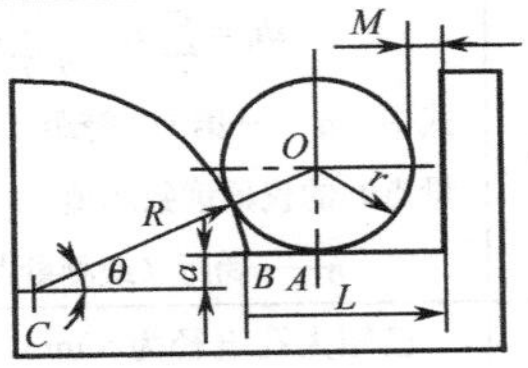	$L=AB+r+M$ $AB=AC-BC$ $AC=(R+r)\cdot\cos\theta$ $\sin\theta=\frac{r+a}{R+r}$ $BC=\sqrt{R^2-a^2}$	已知D，a，r，M，求L
单角度斜孔坐标尺寸测量	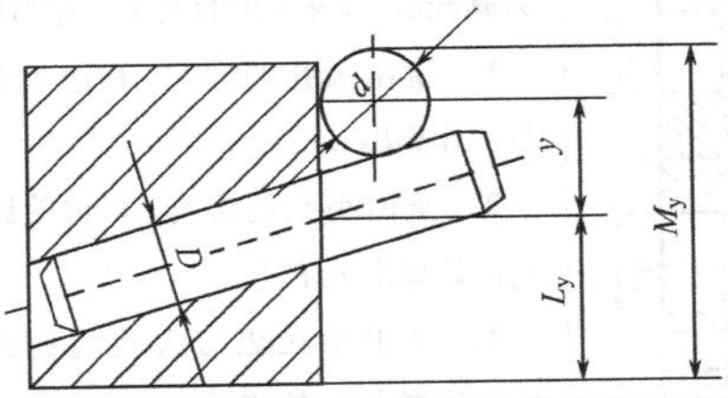	$L_y=M_y-\frac{d}{2}-y$ 式中 $y=\frac{D+d}{2}\frac{1}{\cos\alpha}-\frac{d}{2}\tan\alpha$	已知D，α，d，M_2，求L_y

表B.2　最小条件评定法

测量项目			简图	说明	备注
最小条件评定法	平面度误差最小条件	三角形准则	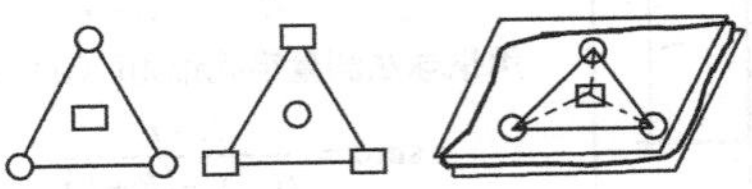	由两平行平面包容被测面时，两平行平面与被测面接触点分别为3个等值最高（低）点与1个最低（高）点，且最低（高）点的投影落在由3个等值最高（低）点所组成的三角形之内	□——最低点 ○——最高点
		交叉准则	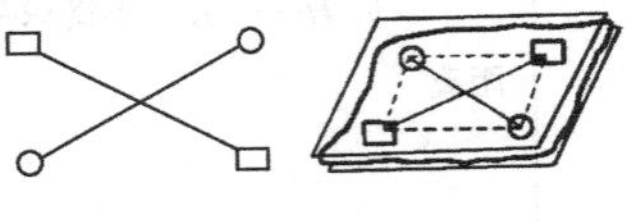	由两平行平面包容被测面时，两平行平面与被测面接触点分别为两个等值最高点与两个等值最低点，且最高点连线的投影与最低点连线相互交叉	□——最低点 ○——最高点

续表

<table>
<tr><th colspan="3">测量项目</th><th>简图</th><th>说明</th><th>备注</th></tr>
<tr><td rowspan="2">最小条件评定法</td><td>判别准则</td><td>直线准则</td><td>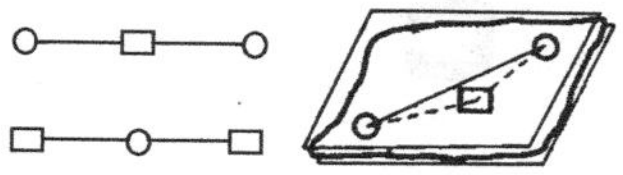</td><td>由两平行平面包容被测面时，两平行平面与被测面接触点分别为两个等值最高（低）点与一个最低（高）点，且一个最低（高）点的投影位于两等值最高（低）点的连线上</td><td>□——最低点
○——最高点</td></tr>
<tr><td colspan="2">旋转法</td><td>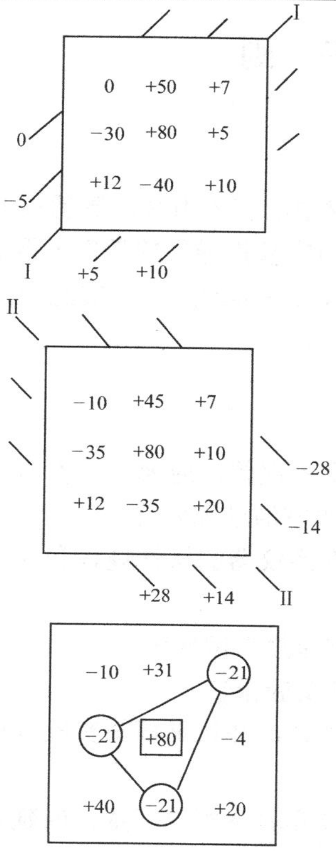
</td><td>使被测表面各点的坐标值经旋转变换，直至其高极点和低极点的分布形式符合最小条件判别准则之一，求出平面度误差值
步骤如下（见简图）：
① 初步判断被测表面的类型，以便选择相应的最小区域判断准则
② 拟订最高点和最低点，选定旋转轴的位置
③ 计算各点的旋转量 $Q=\alpha n$
④ 进行旋转，即对各测点作坐标换算
⑤ 检查旋转后各测点的新坐标是否符合最小区域判断准则。旋转，重复上述步骤
如不符合，则应做第二次旋转系数 α 的计算
$$\alpha=\pm\frac{A-B}{n_A+n_B}$$
式中，A, B——欲使等高两点的坐标值
n_A, n_B——坐标值为 A, B 的点到旋转轴的格数</td><td>旋转法的原理是，设一刚性平面绕任一旋转中心旋转某一角度，则刚性平面上的各点在空间移过的距离，与该点至旋转中心的距离有关，各点移动方向与旋转中心在刚性平面上的位置有关</td></tr>
</table>

附录 C

实 验 守 则

一、实验基本要求

1．实验前，必须认真预习实验指导书及教材中的有关内容，熟悉仪器、设备及相关测量器具的工作原则，初步了解操作要求。没有预习实验指导书的学生不得进入实验室。

2．实验中对各种数据应会处理，并考虑如何书写实验报告；实验中出现的误差或其他情况应进行分析说明。

二、实验须知

1．学生应在规定的时间进入实验室。进入实验室前，应换上工作服。与实验无关的物品不得带入实验室。进入实验室后，注意保持实验室清洁和安静。

2．实验前，要清理工件和工作台的油迹，熟悉仪器的操作规程和注意事项。经指导老师同意后，方可接上电源。要小心操作，用力适当。

3．发现仪器有故障时，不得擅自拆修，应立即报告指导老师。

4．学生应积极动手操作，并独立完成实验和实验报告。

5．实验完毕后，将计量器具和被测工件整理好，并认真填写实验数据，交指导老师检查后，方可离开实验室。

6．在规定的时间内未能完成实验者，必须经实验室领导同意，或延长实验时间，或另行安排补做时间。

附 录 D

量具、量仪的维护常识

正确地使用和维护量具、量仪是保持量具、量仪精度，延长其使用寿命的重要条件，是每一个检测者所必须知道的常识。正确地使用量具、量仪，不仅会充分发挥现有量具、量仪的作用，扩大使用范围，而且会减少测量误差，提高测量精度，顺利地完成检测任务。因此，要注意以下几点。

一、量具、量仪的日常使用与维护

1．使用仪器必须按操作规程办事，不可为图省事而违章作业。

2．掌握量具、量仪的正确使用方法及读数原理，避免测错、读错现象。对于不熟悉的量具、量仪，不要随便动用。测量时，应多测几次，取其平均值，并要练习用一只眼读数，视线应垂直对准所读刻度，以减少视差。在估读不足一格的数值时，最好使用放大镜。

3．量具、量仪的管理和使用，一定要落实到人，并制定维护保养制度，认真执行。仪器除规定专人使用外，其他人如要动用，须经负责人和使用者同意。

4．仪器各运动部分，要按时加油润滑，但加油不宜过多。油流如果进入光学系统，会使分划板产生畸变，镜片模糊不清。

5．各种光学元件不要用手去摸，因为手指上有汗、有油、有灰尘。镜头脏了，应使用镜头纸、干净的绸布或麂皮擦拭。如果沾了油斑，可用脱脂棉蘸少许酒精（或酒精和乙醚混合液），把油斑轻轻擦去。如果蒙上了灰尘，用软毛刷刷去即可。

6．仪器必须严格调好水平，使仪器各部分在工作时，不受重力的影响。

7．仪器的某些运动部分，在停机时（非工作状态），应使其处于自由状态或正常位置，以免长期受力变形。

8．仪器的运动部分发生故障时，在未查明原因之前，不可强行使其转动或移动，以免发生人为损伤。

9． 仪器上经常旋动的螺钉，不可拧得太紧。

10．仪器检测的零件，必须清除掉尘屑、毛刺和磁性，非加工面要涂漆。

11．以顶尖孔为基准的被测件，要预先检查顶尖孔是否符合要求。

12．插接电源时，应弄清电压高低，避免因插错而烧坏仪器。千万不要用导线直接接电源。仪器不工作时，应断开电源。

13．电子仪器要注意防潮，避免因电子元件线路等受潮而失灵。

14．量具、量仪勿置于磁场附近，避免因磁化而使测量面吸附切屑，加大测量误差。

例如，磁性工作台、磁性卡盘都有磁场，卡尺、千分尺不要放在它们的旁边。

15．粗加工用一般量具，精加工用精密量具。

16．测量前，量具、量仪的测量面与零件的被测面要擦拭干净，以免灰尘、切屑夹杂其中，加大测量误差。同时，量具先要进行校对，如无问题，方可进行测量。

17．测量时，切勿用力过猛，要让量具、量仪的测量面轻轻接触零件。凡是有测力装置的量具，应充分使用这种装置使测量面慢慢接触零件。

18．在机床上测量零件时，应待机床停稳后，方可进行，以免损坏量具，甚至造成人身事故。

19．量具除用来检测零件外，不可做其他工具的代用品。例如，用量具代替划针、锤子、螺丝刀、扳手等，都是不允许的。

20．量具应放置在平稳安全的地方，严防受压，切勿掉地。用过后的量具要及时擦干净，在测量面上涂上防锈油，然后放进量具包装盒内。两个测量面不要紧靠在一起，以免加速锈蚀。切勿将量具与其他工具混放。在工具箱中，量具与刃具、磨料、砂布等应分格存放。

21．量具、量仪要定期检定，并做好记录。每台仪器应建立周期鉴定卡。不合格的量具、量仪坚决不用。

22．测量零件时要有足够的照明度。合理的照明度为50～250lx。

二、注意环境对量具、量仪的影响

在第 1 章里讲到了环境误差问题。因为量具、量仪都是处在一定的环境中的，而且需要人去操纵它，这就涉及温度、湿度、振动、灰尘、空气以及人给予量具、量仪的影响等。减小这些影响，不但是为了消除测量误差，而且也是一个量具、量仪的维护保养问题。

1．消除振动的影响。

精密仪器是怕振动的。因为振动能使某些部件发生相对位移，从而丧失量仪的精度与灵敏度。在检测过程中更不宜有振动，因为那样测出的数值不稳定。防振的措施一般有下列几点。

（1）仪器室的位置应远离振源，如空压机站、马路、锻造车间、发动机试验场、射击试验场、冲压车间等。

（2）当难以避开振源时，可在室外挖防振沟，切断从地面传来的振波。

（3）仪器底部可适当垫置厚橡皮，但注意要调好仪器的水平位置。

（4）不允许用量具敲击物件，也不允许在量仪旁边敲击物件。

（5）转移量仪时，必须轻拿轻放，千万不要摔着量仪。

2．控制灰尘的影响。

空气中灰尘过多，将使仪器光路系统、镜面等因积聚灰尘而影响像质的清晰度，同时，擦洗也较困难。灰尘过多，将使仪器活动部分受阻滞，影响测量精度与正确示值。防尘在精密测量中是不容忽视的，其措施如下。

（1）用过的量具、量仪都要用绸布或麂皮擦拭干净，放入盒内或箱内。绸布或麂皮要经常洗涤，保持干净。

（2）所有仪器都要加防尘罩。

（3）仪器室内不铺地毯；天花板、四壁、地板要涂漆；门窗最好是双层的，而且要严密。

（4）进出仪器室要换鞋、换工作服、戴帽，避免把尘土带进室内。

（5）仪器室内严禁吸烟、生煤炭炉子，禁止烧废纸，禁止拆衣服、织毛衣。

（6）准备检测的零件，先擦拭干净后，再送仪器室检测。

3．控制温度的影响。

物体有热胀冷缩的特性，这是一个客观规律。只要温度发生变化，量具、量仪与零件的尺寸便自然而然要起变化，这是无法加以限制的。但是环境的温度是可以控制的。例如，精密测量可在温度控制为 20℃的恒温室内进行。精密仪器只有放在恒温室内，才能体现其测量精度。所谓恒温，就是通过调温装置使室温控制在一定温度下，其变化不超过±0.5～1℃。

此外，要减小温度影响，还要注意下列问题。

（1）零件在检测前要进行“定温”。所谓“定温”，是指把零件与量具、量仪置于同一温度环境中，经过一定的时间，使两者温度趋向一致。定温时，一般把被测零件与量具一起放在铸铁平板上，这样可以缩短定温时间（不要放在木案上）。小零件也可放在量仪上定温，大零件也可把量具放在零件上，根据具体情况，具体处理。定温时间见表 D.1。

表 D.1　定温时间

被测零件长度（m）	≤1	1～3	>3
定温时间（h）	1.5	3	4

（2）从机床上刚取下的零件或从寒冷的环境中取来的零件，不应立即进行检测，要待其恢复到室温以后再测量。

（3）不要把手的热量传输给零件和量具、量仪。例如，检测零件时要戴手套，使用量具时应握绝热护板，尽可能减少手与零件的直接接触。

（4）严格控制恒温室内的工作人员数量，以防人的体热通过辐射影响量具、量仪。对于高精度的仪器或对温度敏感性很强的仪器，应另加隔热罩或隔热屏。

（5）不要把量具、量仪放在日光下曝晒或置于热源（电炉、暖气、机床发热部分）附近，以防变形。

4．控制湿度的影响。

湿度对测量误差虽无直接影响，但对量具、量仪的寿命却是一个很大的威胁。前面已经讲到，潮湿会使量具、量仪生锈；光学镜头也会发霉长毛；半镀层、反射镜镀层可能受侵蚀脱落。因此，要控制相对湿度。

相对湿度究竟控制在什么范围内才算合适呢？一般要求在 60%以下。当室内的相对湿度过高时，要采取有效措施，予以降湿防潮。降湿防潮的方法如下。

（1）装置驱湿机，吸收室内水分。

（2）加强通风，使室内水汽排到室外。

（3）精密量具、量仪可配置玻璃罩，罩内置硅胶、氯化钙等吸湿剂，以保持干燥。

（4）室内不允许设置上下水池，并严防雨水流入，水源水渗入等。

（5）仪器室一般应建立在地势高而干燥的地方。

（6）不要把潮湿的东西带进仪器室内。例如，不要用湿拖布拖地板，湿抹布用后应立即放到室外，不要把雨具放在室内，不要在室内洗手、喝水、吃饭。

（7）不要用电炉在室内烧水。

（8）严格控制暖气管漏气、漏水。

（9）不将室外热空气引入室内。

5．控制气体、液体的影响。

腐蚀性气体和液体将使量具、量仪锈蚀损坏，应严格防备。下列几项措施应注意做到。

（1）防止煤烟或带有酸碱性的气体进入仪器室，要防止其与量具、量仪接触。

（2）仪器室应建在远离酸洗车间、理化室、锅炉房等的地方。

（3）手套、绸布、麂皮的洗涤，最好用中性洗涤剂或肥皂，并用清水冲洗干净。

（4）防止手汗浸染量具和量仪而使其生锈。

（5）使用合格的防锈油进行油封，最好是置换性的。

6．墨水勿掉在量具、量仪上，以防腐蚀。

7．量具不要放在晒制的图纸上，因为晒制的图纸经氨水熏染后带有碱性。

参考文献

[1] 黄清渠．几何量计量[M]．北京：机械工业出版社，1981.

[2] 重庆大学公差、刀具教研室．互换性与技术测量实验指导书[M]．北京：中国计量出版社，1986.

[3] 花国梁．精密测量技术[M]．北京：中国计量出版社，1990.

[4] 刘巽尔．机械制造检测技术手册[M]．北京：冶金工业出版社，2000.

[5] 梁子午．检验工实用技术手册[M]．南京：江苏科学技术出版社，2004.

[6] 郭连湘．公差配合与技术测量实验指导书[M]. 北京：化学工业出版社，2004.